運Ў縁のつくし方

無理縁の発見から関係終了まで

水科哲一 著

カバー装幀／岩瀨拳貴・泥崎雅潮
カバーイラスト／中尾 襄
カバー装幀ロゴ／もぐら工芸社

はじめに

　$\frac{1}{2}+\frac{1}{3}$ はなぜ $\frac{2}{5}$ にならないのか？
　分数で割り算するときに、引っくり返して掛ければよいのはなぜ？

　分数は小学校の算数で最大級の難関だ。その困難を乗り越えて無事大人になった人でも、子供にあらためて「なぜ？」と問われるととまどうのではあるまいか？

　しかしこの本は分数の足し算や割り算を説明しようというものではない。読者レベルとしては、分数の加減乗除が自由にできることを想定している。なぜ、とは問わないので、計算さえできればよい。単なる計算の先にこそ、分数の本当の面白さ、本当の凄みがあるのに、中学校でも高校でも、そして多分大学でも分数の真の姿について教えないものだから、「分数は小学校で卒業」なんて皆思っているのではないだろうか？

『分数ができない大学生』なんて題の本があって、大学生が小学校の算数もできないという意味だと思うのだが、分数に対して失礼な話だ。そう思ってある数学雑誌に書いた記事に「分数のできない数学者」という題名をつけたら、編集者から「その題名ですと、先生のお名前にキズが……」と題名の変更を迫られた。分数をなめんじゃねーぞ。この本だって、私ごときが分数様について書かせていただいて本当によろしゅうございますでしょうか、という思いでドキドキしながら書いているのである。そう、テーマは「分数の底力」だ。

本書では、分数は分数でも、分母にどんどん分数が連なっていく、連分数というものを主に扱うことになる。まず第1章、第2章で、連分数を使って数の正体を見破る方法をご紹介する。「1.234567…ってどういう数なんだろう？」とか、「あれ、1.41421356ってどういう数か、ど忘れしちゃったよぉ」なんてときでも、連分数を使えばその正体がばっちり見破れるのだ。第2章までが本書の土台である。ここをきちっと読みこなしてもらえれば、電卓片手に数の正体を確実に見破れるようになる。

　数の正体が見破れると、いろいろ応用の道が開けてくる。閏年って4年に一度でよかったんだっけ？　ドレミファの音階ってどうやって決めたの？　打率3割3分4厘の打者って何安打くらい打ってるんだろう？　松ぼっくりの渦巻きの本数がフィボナッチ数になるのはなぜ？　そんな様々な問題の解決に、連分数が活躍する。人類が無理数を発見したのも、もしかしたら、背後で連分数が暗躍していたのでは、という説があるのだ。

　大数学者フェルマー（1601-1665）が同時代の数学者たちに送りつけた、フェルマーの挑戦状。天才数学者ラマヌジャン（1887-1920）の逸話として残っている、マハーラノービスの問題。これらも連分数を使えば鮮やかに解決できる。第3章以降は、あらゆる局面で大活躍する連分数の輝きを堪能していただくことにしよう。

　第9章では、「数の正体を見破る」という問題がまだまだこれからの課題である、という数学研究の最先端へ皆様をお連れしよう。連分数は現役の数学の研究対象であり、「分数ので

はじめに

きない数学者」たちが分数の謎を解こうとして日々研鑽につとめているのである。

　連分数の話は私のお気に入りの話題で、日本数学会主催の市民講演会、広島大学の公開講座、広島市立基町高校や広島大学附属高校での出張授業、広島大学科学セミナー、それから広島大学大学院の数学概論の講義、学部向けの先端数学などでお話しさせていただいて、そのたびに思わぬフィードバックがあり、話がふくらんでいきました。大学院で超越数について研究してくれた沖井晃君、卒業研究で連分数に取り組んでくれた小田寛文君のセミナーも、ずいぶん参考にさせてもらいました。このような機会を提供してくれた皆様なくしては、この本はこういう形にならなかったと思います。深く感謝します。

　　2012 年 5 月　　　　　　　　　　　　　　　　　木村俊一

はじめに *3*

CHAPTER 0 イントロダクション *10*

CHAPTER 1 連分数を使った数当て（基本編） *16*

1. 循環小数の正体を見破る *16*
2. 分数は循環小数である *23*
3. 循環小数を用いた方法の限界 *30*
4. 連分数 *32*
5. なぜ数の正体を見破ることができるの？ *39*
6. 数列から作った数 *45*
7. グレゴリオ暦 *58*

コラム 1　無限等比級数の和の公式 *20*
コラム 2　チャンパーノウン数 *48*
コラム 3　フィボナッチとフィボナッチ数列 *50*
コラム 4　入試や定期試験に出せない問題 *56*

CHAPTER 2 無理数の正体を連分数で見破る *62*

1. 無理数 $\sqrt{2}$ *62*
2. 2次方程式の解の公式 *65*
3. 分母の有理化 *71*
4. 連分数を使った数当て（無理数編） *74*
5. 1.414213562の正体を見破る *78*
6. $\sqrt{2}$、$\sqrt{3}$ の連分数展開 *83*

| コラム 5 | どの長方形が美しい？ *79* |
| コラム 6 | 循環連分数によって見破れる数 *88* |

CHAPTER 3 ユークリッドの互除法と無理数の発見 *92*

1. 最大公約数の計算とユークリッドの互除法 *92*
2. ユークリッドの互除法と連分数 *103*
3. 線分に対するユークリッドの互除法 *105*
4. 正五角形と黄金比 *109*
5. フォン・フリッツの仮説 *115*

| コラム 7 | ユークリッドの『原論』 *102* |

CHAPTER 4 音階と連分数 *122*

1. 即席、対数関数入門 *122*
2. 人間の耳は対数耳 *138*
3. ピタゴラス音律 *141*
4. 連分数で平均律を読み解く *151*

| コラム 8 | ネピアーこぼればなし *136* |

CHAPTER 5 連分数による近似と、その精度 *156*

1. 近似値1.23の精度 *156*
2. 連分数近似の精度 *162*

3. 隣り合った近似分数は大接近 *168*

4. 黄金比とフィボナッチ数 *179*

5. 連分数近似の精度のよし悪し *189*

6. ラマヌジャンの円積問題 *192*

コラム 9 小数表示の誤差は $\frac{1}{2n}$ 以下 *158*

コラム10 連分数近似 *160*

コラム11 黄金比の2乗 *184*

コラム12 地球の上の円の面積 *194*

CHAPTER 6 神様の糸と中間近似分数 *198*

1. 神様の糸 *198*

2. 代打の選択 *208*

CHAPTER 7 連分数と黄金比と松ぼっくり *214*

1. 有理数回転 *216*

2. 無理数回転 *222*

CHAPTER 8 フェルマーと
　　　　　　ラマヌジャンの挑戦状 *240*

1. フェルマーからの挑戦状 *240*

2. マハーラノービスの問題 *250*

コラム13 等差数列の和の公式 *252*

CHAPTER 9 数当て再考 *258*

1. 数の正体とは何か？　数の身分証明書作り　*258*
2. 代数的数と超越数　*268*
3. 周期　*276*
4. 超越数の正体を連分数を使って見破る　*280*

コラム14 $0.999\cdots = 1$　*261*
コラム15 次数と方程式　*266*
コラム16 代数的数を係数に持つ方程式の解　*271*
コラム17 リウヴィユの超越数の近似分数の精度　*273*
コラム18 リウヴィユの定理、ちょっと進んだ話題　*274*

付録　*284*

1. ニュートン法　*284*
2. 142857と同様の性質を持つ数　*287*
3. 2次方程式の解の公式　*288*
4. 小数の底力：2進法の小数　*296*
5. 四則のみを使った対数の計算　*301*
6. 行列と連分数　*304*

練習問題解答　*310*

索　引　*320*

CHAPTER 0

イントロダクション

いきなりで申し訳ないが、例題から始めてみよう。必要なら電卓を使っても構わない。

例題1

(1) $\sqrt{2}$ の値はおよそいくつ？
(2) $\sqrt{3}$ の値はおよそいくつ？
(3) $\sqrt{5}$ の値はおよそいくつ？
(4) 円周率 π の値はおよそいくつ？

ルートなんて忘れちゃったなぁ、あるいはまだ習ってないよぉ、という読者は、ここは読み飛ばしてもらっても構わないし、第2章の最初で復習するので、そちらを先にチラッと見てもらっても構わない。

答え合わせを、まず $\sqrt{2}$ の値から。知っている人は知っているし、答えを知らなくても電卓にルートキー $\boxed{\sqrt{}}$ があれば $\boxed{2}$ $\boxed{\sqrt{}}$ と入力すれば一発だ。そう、答えは 1.414213562… になる。昔は中学で覚え歌を「一夜一夜に人見頃に」と習ったものだが、今も教わっているのだろうか？ 与謝野晶子の短歌「今宵会う人、みな美しき」を彷彿とさせる、優雅な覚え歌だ。

次に、$\sqrt{3}$。これも覚え歌がある。「人並みにおごれや」つ

CHAPTER 0　イントロダクション

まり、1.7320508…だ。$\sqrt{2}$ に比べると覚え歌の品格がだいぶんと落ちるのが残念。

　次に進もう。$\sqrt{5}$ にも覚え歌があって、「富士山麓オウム鳴く」つまり 2.2360679 だ。実は私はこの覚え歌を「富士山麓『に』オウム鳴く」と間違えて覚えて失敗した経験がある。せっかくの覚え歌も 1 桁間違えるとその桁の先の数字が全て台無しになってしまうのでお気をつけを。

　では最後に、**円周率 π** の値。小学校で「円周率はおよそ 3」だなんて習っていたそうだが、それではやはりもったいない。私は 3 時の待ち合わせに 14 分遅刻し、「3 時 14 分だから、およそ 3 時だ」と開き直ってひどく顰蹙を買ったことがある。円周率が「およそ 3」というよりは「3.1 強」であることは、台所にある茶筒や海苔の缶の周と直径を巻き尺で測ってみればすぐに確かめられる。円周率はおよそ 3.14 と教わるが、覚え歌を知っていればもっと先まで簡単に覚えられる。

3.14159265358979323846264338327 9…

　覚え歌は「産医師異国に向こう、産後厄なく産児、御社に虫さんさん闇に鳴く」。文法的にちょっと無理があったり意味を考えると変なところがあったりするのが残念だが、小数点以下 30 桁が簡単に覚えられるので、些細な欠点には目をつぶることにしよう。30 桁覚えておけば、実用上不都合なことは滅多にない。

　ちなみに、小数点以下 30 桁という精度がどれほど大変なものか実感していただくために、地球の半径をミリ単位で計算するのに必要な円周率の桁数を調べてみよう。

　地球の北極から赤道までの距離をご存じだろうか？　これはぴったり 1 万 km だ。元々フランス革命のときに、世界共

通の長さの単位として使えるように、そう定義されたのである。これが地球の外周の4分の1なので、地球の外周は4万kmとなる。これが

$$2 \text{ 掛ける半径掛ける } 3.14\cdots$$

に等しくなるので、地球の半径は

$20000 \div 3.1415926\cdots = 6366.197723675813430 7553505349\cdots \text{ km}$

となる。最初の10桁で 6366 km 197 m 72 cm 3 mm となり、ミリ単位まで求まってしまった。小数点以下30桁の円周率をフルに使えば、地球の半径をミリ単位で、大体小数点以下20桁の精度で計算できたことになる。恐るべき精度である。

ところがよく調べてみると、地球は厳密には球ではない。例えば地球は自転するので、その影響で赤道を一周する「円周」の方が北極を通る「円周」より少し長く、4万75 km なのだそうだ。キロメートル単位で球からずれている図形の半径をミリ単位で計算しても、キロ以下の桁の数字は何の意味も持たない。現実に測定する数字の世界で、有効数字30桁の円周率が必要となる機会は、まずない。

$\sqrt{2}$ や $\sqrt{3}$ にしても、同じようなことが起こる。ノートに描いた一辺 10 cm の正方形の対角線の長さが 14 cm 1 mm 4213562 とか、三角定規の三辺の長さが 10 cm と 20 cm と 17 cm 3 mm 20508 とか言われても、最後の方の数字にはほとんど意味がない。つまり、物理的な数、ということで言えば数の精度が10桁も意味を持つことは稀なのである。現在の人類の計測能力で30桁の数が意味を持つことはありえないと断言していいだろう。

では、せっかく何桁も数字を覚えたのに、何の役にも立た

ないのだろうか？　いや、そんなことはない。たくさん桁数を覚えていたら、何と言ったって、

威張れる！

　私がアメリカの大学で教えていたときにやったことを、こっそりお教えしよう。図形の面積を計算して、たまたま答えが $\sqrt{2}$ になったとする。そうしたら、「ちなみに $\sqrt{2} = 1.414213562$ だが」とさりげなく板書して講義を続けるのだ。アメリカの大学では授業に電卓を持ってきている学生が多いので、検算して「うわ、合ってる！」と隣どうしで見せ合って、あちこちで驚いてくれる。こうやって一度生徒の尊敬を勝ち取ってしまえば、あとは多少いい加減な授業をしても大丈夫なので、「一夜一夜に人見頃に」は大変実用的な知識なのだ。

　英語では $\sqrt{2}$ や $\sqrt{3}$ の覚え歌だなんて聞いたことがないし、円周率の覚え歌も「Yes, I have a number」（はい、私は数を持っています）というのを知っている人は知っている、というくらいだろうか？　数を持っている、というのが円周率の覚え歌だ、というのは気が利いているが、なにぶん覚えられる桁数が少ない。それぞれの単語の文字数を数えると順に 3、1、4、1、6 となるので、3.1416 までの覚え歌になっているわけだが、日本の語呂合わせに比べると効率がかなり悪い。そもそも単語の文字数で覚え歌を作る、という発想には致命的な欠点がある。0 文字の単語が存在しないので、0 が出てきたらその先はどうしようもないのである。

　せっかく数字をたくさん覚えても、威張るしか役に立たないのだろうか？　いいや、そんなことはない。答えのヤマを張ることができる。例えば、何か正の数から出発して、次の

操作を繰り返してみよう。

---操作---

入力に対して、その数と、その逆数の2倍との相加平均を取る。

この操作を何度も繰り返すと、どんな数に近づいていくか？試しに1から始めて計算してみると

$$1 \to \frac{1+\frac{2}{1}}{2} = \frac{3}{2} = 1.5$$

$$\to \frac{\frac{3}{2}+\frac{4}{3}}{2} = \frac{17}{12} = 1.41666\cdots$$

$$\to \frac{\frac{17}{12}+\frac{24}{17}}{2} = \frac{577}{408} = 1.414215686\cdots$$

$$\to \frac{\frac{577}{408}+\frac{816}{577}}{2} = \frac{665857}{470832} = 1.414213562374\cdots$$

電卓を使っても計算が面倒になってきたのでこのへんでやめることにするが、どういう数に近づくかは見当がつくだろう。$1.414213562\cdots = \sqrt{2}$ に間違いなさそうだ（なぜこんな数列が $\sqrt{2}$ に近づくかは、付録1（284ページ）を参照。実は高校で習うニュートン法と同じ計算になっているのである）。

威張るためには数字の並びを覚えておく必要があるが、ヤマを張るだけでよいのであれば、別に数字の並びを正確に覚えておく必要はない。数字の並びを見てから、その数の正体を見破れるならば、それで十分だ。第一、数字の並びを覚えておく、という作戦だと、次のような問題が簡単には解けない。

CHAPTER 0　イントロダクション

> **挑戦問題**
> 3.242640687… という数の正体を見破れ。

　実は、$\sqrt{2}$ を何倍かしてから 1 を引いただけである。それだけの操作で、数字の並びはまるで変わってしまい、もうどういう数なのかがわからなくなってしまう。こういう問題に対して、何か自然なアプローチはないのだろうか？

　本書の最初のテーマは、上記のような「**数の正体を見破る**」方法をご紹介することだ。連分数という特殊な分数を使うことで、数の正体をどんどん見破ることができるようになる。第 2 章を読み終わった頃には、上の挑戦問題など、ヒントなしで（ただし電卓は必要かもしれない）簡単に正体が見破れるようになっているはずである。

　また、この数当てテクニックを様々な局面に応用することができる。暦の作り方、無理数の発見、音楽の音階、黄金比の不思議な性質。様々な数学現象の背後に連分数が見え隠れする。そして大数学者フェルマーからの挑戦状に記された大問題も解決してみせよう。

　そして最終第 9 章は、「そもそも数の正体を見破るとはどういうことか？」という問題に踏み込む。分数から始まって、数学の発展をたどる川下りの旅は、ここから現代数学の最前線という大海原へとつながっているのである。

CHAPTER 1

連分数を使った数当て(基本編)

この章の目標は、数を見て、その正体を見破る方法を紹介することである。

1. 循環小数の正体を見破る

まずは肩ならしから。

例題2

次のような数 S を考えよう。

$S = 0.1 - 0.01 + 0.001 - 0.0001 + 0.00001 - 0.000001 + \cdots$

小数点以下、0 の数がひとつずつ増えてゆき、プラスとマイナスが交互にあらわれる。この数の正体は一体なんだろう?

プラスとマイナスを一組として考えるとわかりやすい。つまり

$$S = \overbrace{0.1 - 0.01}^{0.09} + \overbrace{0.001 - 0.0001}^{0.0009} + \overbrace{0.00001 - 0.000001}^{0.000009} + \cdots$$
$$= 0.090909\cdots$$

これで実際に小数であらわしたときの数の並びがわかった。

CHAPTER 1 連分数を使った数当て(基本編)

「09」という数字の並びが無限に繰り返す小数である。このように、ある桁から先は同じ数字の並びが繰り返しあらわれるような小数を循環小数とよぶ。あとからも使いたい言葉なので、きちんと定義しておこう。

定義1

ある桁から先は同じ数字の並びの繰り返しになるような小数を、**循環小数**とよぶ。循環小数において、繰り返しあらわれる数字の並びのひとかたまりを、**循環節**とよぶ。例えば循環小数 $0.090909\cdots$ において、循環節は 09（あるいは 90）である。

循環小数だとわかってしまえば、その正体を見破る必勝法がある。上で作った数 S を例にして、その必勝法を紹介することにしよう。S を 100 倍すると

$$100S = 100 \times 0.090909\cdots = 9.09090909\cdots$$

となるが、よく見ると最初の 9 を除いて、S と全く同じ数の並びになっていることがわかる。そこで、次のように引き算をしてみよう。

$$\begin{array}{rl} 100S = & 9.09090909\cdots \\ -)\quad S = & 0.09090909\cdots \\ \hline 99S = & 9.00000000\cdots \end{array}$$

小数点以下の数が全てキャンセルして 0 になるので、$100S - S = 9$、つまり $99S = 9$ である。両辺を 99 で割って、$S = \dfrac{9}{99} = \dfrac{1}{11}$ となる。実際に割り算をして今の計算が本当に合っているかどうかを確かめてみよう。

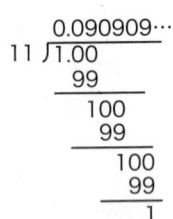

となり、確かに $0.090909\cdots = \dfrac{1}{11}$ となっている。なお、高校で習う無限等比級数の和の公式（コラム1参照）を知っている人は、それを使ってもこの S の正体を見破ることができる。というか、ここで紹介した S の値の求め方は、まさに無限等比級数の和の公式の証明そのままなのである。

循環小数に対しては、いつでもこの方法で数の正体を見破ることができる。あと2つほど、例題を解いてみよう。

例題3

$S = 0.259259259259\cdots$ （259 が無限に繰り返す）

無限に 259 を繰り返すので、**無間地獄数**とでもよぶべき数であるが、さてこの S はどんな分数であらわされるか？

今度は 259 という3桁の数の並びが繰り返しているので、S を1000倍して S と比べてみることにする。$1000S = 259.259259259\cdots$ なので

$$
\begin{array}{r}
1000S = 259.259259259\cdots \\
-)S = 0.259259259\cdots \\
\hline
999S = 259.000000000\cdots
\end{array}
$$

CHAPTER 1 連分数を使った数当て(基本編)

となる。$999S = 259$ の両辺を 999 で割って、$S = \dfrac{259}{999}$ である。実際に割り算をしてみると、確かに 0.259 まで求まったところで元の 259 の並びに数字が戻り、あとは同じ計算を繰り返すことがわかる。

```
            0.259259…
      999 ) 259.0
            199 8
             59 20
             49 95
              9 250
              8 991
                2590
                1998
                 5920
                 4995
                  9250
                  8991
                   259
```

さて、読者は気付かれたであろうか？　この $S = \dfrac{259}{999}$ という解答には、まだ改良の余地がある。あとで連分数を用いて同じ問題を解くと自然にベストの解が求まるので、お楽しみに。

循環小数といっても、最初から同じ数の並びを繰り返すものばかりではない。途中までは違うパターンの数字の並びになっていて、ある桁数から先が同じ数の並びを繰り返す小数も、循環小数とよばれる。そんな場合でも、同じ方法で正体を見破ることができる。

例題 4

$S = 0.1136363636\cdots$ 最初が 11 で、そのあと 36 が繰り返す。この S はどんな分数であらわされるか？

19

コラム1　無限等比級数の和の公式

1、0.1、0.01、0.001、… のように、順番に同じ比率（この場合は 0.1 倍）で数が並んでいるような数列を、**等比数列**とよび、これが無限に並んでいれば**無限等比数列**とよぶ。無限等比数列に出てくる数を全部足す足し算のことを**無限等比級数**とよび、その足し算の答えを<u>無限等比級数の和</u>とよぶ。面白いことに、無限個の数を足しても答えが無限にならないことがある。実際、$1+0.1+0.01+0.001+\cdots$ のような足し算だと

$$1+0.1+0.01+0.001+\cdots = 1.11111\cdots$$

と1が無限に並ぶ小数で、無限個の数を足しあわせた足し算の答えがあらわされることがわかる。

無限等比級数の場合はその和を求める公式がある。等比数列の一番最初の数（これを**初項**とよぶ）を a とあらわし、次の数との比率（これを**公比**とよぶ）を r とあらわすと、等比数列は

$$a、ar、ar^2、ar^3、\cdots$$

とあらわされ、$-1<r<1$ の場合はこの和が

$$a+ar+ar^2+ar^3+\cdots = \frac{a}{1-r}$$

という公式であらわされる。実際、$S=a+ar+ar^2+ar^3+\cdots$ とおくと、$rS=ar+ar^2+ar^3+\cdots$ となるので

$$\begin{array}{rl} S= & a+ar+ar^2+\cdots \\ -)\quad rS= & ar+ar^2+\cdots \\ \hline (1-r)S= & a \end{array}$$

CHAPTER 1　連分数を使った数当て(基本編)

と $(1-r)S = a$ が得られ、$S = \dfrac{a}{1-r}$ と求まる。

$0.1 - 0.01 + 0.001 - 0.0001 + \cdots$ という例題 2 の場合では、数列の最初の数が 0.1、公比が -0.1 の等比級数としてあらわされていたことに注意しよう。つまり、$a = 0.1$、$r = -0.1$ とおくと

$$\begin{aligned}
&0.1 - 0.01 + 0.001 - 0.0001 + 0.00001 - \cdots \\
&= a + ar + ar^2 + ar^3 + \cdots \\
&= \frac{a}{1-r} \\
&= \frac{0.1}{1-(-0.1)} \\
&= \frac{0.1}{1.1} \\
&= \frac{1}{11}
\end{aligned}$$

として同じ答えを求めることができる。

あるいは、$0.090909\cdots$ という表記から、これは初項 0.09、公比 0.01 の等比級数、つまり

$$S = 0.09 + 0.09 \times 0.01 + 0.09 \times 0.01^2 + 0.9 \times 0.01^3 + \cdots$$

と思ってもよくて、そうすると $S = \dfrac{0.09}{1-0.01} = \dfrac{9}{99} = \dfrac{1}{11}$ と、やはり同じ答えが得られる。この場合の無限等比級数の和の公式の証明は、本文で S を求めた計算と全く同じである。

循環の桁数が2桁なので、$100S = 11.363636\cdots$ を考える。$100S$ と S を縦に並べてみると、小数点以下最初の2桁を除いて、その先は数の並びが同じになっていることがわかる。そこで引き算をしてみると

$$\begin{array}{r} 100S = 11.36363636\cdots \\ -)\quad S = 0.11363636\cdots \\ \hline 99S = 11.250000000\cdots \end{array}$$

$99S = 11.25$ なので、$S = \dfrac{11.25}{99}$、分子を整数にするために分母・分子に 100 を掛けて $S = \dfrac{1125}{9900}$ となる。4桁の割り算で大変そうだが、よく見ると5で約分できる。約分してみると、もう一度5で約分できる。さらに9でも約分できて結局

$$S = \frac{1125}{9900} = \frac{225}{1980} = \frac{45}{396} = \frac{5}{44}$$

となる。検算してみると

$$\begin{array}{r} 0.113636\cdots \\ 44\overline{)5.0} \\ \underline{44} \\ 60 \\ \underline{44} \\ 160 \\ \underline{132} \\ 280 \\ \underline{264} \\ 160 \\ \underline{132} \\ 280 \\ \underline{264} \\ 16 \end{array}$$

正解であることが確かめられた。蛇足だが、このような計算をしたときは、是非とも検算する習慣を身につけておくことをお勧めする。試験などでつまらないイージーミスを避け

CHAPTER 1 連分数を使った数当て(基本編)

る、という意味もあるが、それよりも、計算通りうまくいった、と確認できるのが気持ちよいのである。

結論

循環小数、つまり小数点以下ある桁数から先は同じ数字の並びが繰り返すような小数は、整数を整数で割った形の分数としてあらわすことができる。その繰り返しを見破れば、数の正体を見破ることができる。

練習問題1

次の数の正体を見破って、分数であらわせ。
(1) $0.111\cdots$ （1 が繰り返す）
(2) $0.212121\cdots$ （21 が繰り返す）
(3) $0.123123123\cdots$ （123 が繰り返す）
(4) $0.3472222\cdots$ （小数点以下4桁目以降は2が繰り返す）

(解答は 310 ページ)

2. 分数は循環小数である

前節の方法で、循環小数は全て分数の形に書き換えられることがわかった。では逆に分数を小数に書き換えた場合、割り切れなければ必ず循環するのだろうか、それとも、割り切れもせず、循環もせず、不規則な数字が出続けるような分数があるのだろうか？

$\frac{6}{3}=2$ とか $\frac{1}{2}=0.5$ のように割り切れる場合も、$2.000\cdots$ や $0.5000\cdots$ のように0を並べて、無理矢理、循環小数としてあらわすことができる。つまり有限小数も循環小数の一種と見なすことができるので、この節での問題は、「分数は必ず

循環小数としてあらわされるか?」と表現することができる。

準備として、数学手品を紹介しよう。まずは、次のような紙の輪を用意する。そしてサイコロをひとつ。

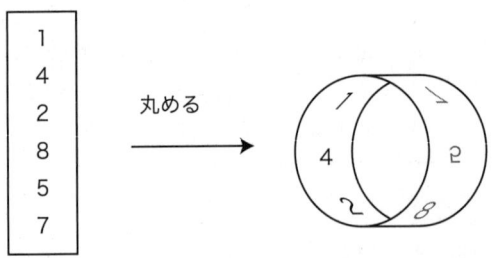

用意するものはこれだけである。サイコロを振ってもらってその数を当てる、という手品だ。まず黒板に「142857×」と書く。そしてサイコロを振ってもらい、出た目を 142857 に掛け算する。そしてあなたが輪をジョキジョキっと切るとあら不思議、その掛け算の答えがあらかじめ輪に書かれている!

なぜこんなことができるのだろうか? サイコロが1から6までのそれぞれの目になった場合に、掛け算の結果がどうなるかを調べてみよう。

$$142857 \times 1 = 142857$$
$$142857 \times 2 = 285714$$
$$142857 \times 3 = 428571$$
$$142857 \times 4 = 571428$$
$$142857 \times 5 = 714285$$
$$142857 \times 6 = 857142$$

CHAPTER 1 連分数を使った数当て(基本編)

どのサイコロの目が出ても、142857という同じ数字の並びが、出発点だけ変えて出てくるわけだ。そこであなたは、切る場所にだけ注意して輪を切ればよい、というわけである。

なぜこんな現象が起こるのだろう？ そもそも142857という数はどこから見つけてきたのだろうか？ 実は、142857の出所は、割り算である。1÷7を計算してみると0.142857142857…というように、142857という数字の並びが繰り返す。これが142857という数の出自だったわけだ。

142857という数字がどこから来たかはわかったが、それが上の手品とどういうつながりにあるのか？ その秘密に迫るには、実際に手を動かして割り算を計算してみる必要がある。まず、1は7より小さいので1のあとに0をくっつけて10にする。すると、10÷7＝1余り3なので、1がたって、10−7×1＝3という数3を下に書くことになる。この3を「余り」とよぶことにしよう。

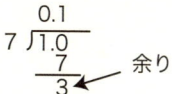

さて、計算を続けることにする。3のあとに0をくっつけて30にすると、30÷7＝4余り2なので、次の余りは2になるわけである。

以下、割り算を続けていくと、余りが順に3、2、6、4、5、

1と続き、その次に3に戻って、その後は同じ計算が続くことになる。最初の被除数（割られる数）1も余りの一種だと思えば、余りは順に1、3、2、6、4、5という6つの数が並び、以下この並びを無限に繰り返すことになる。

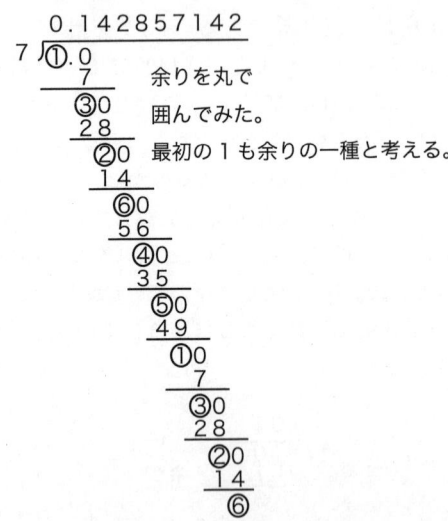

7で割り算をしているのだから、7以上の数が余りとして出てくることはない。よって、余りとして出てくる可能性があるのは、0、1、2、3、4、5、6の7通り。余りが0になれば割り切れるわけだが、1÷7は割り切れないので、0以外の6つの数、つまり1、2、3、4、5、6が余りとなりうるわけである。そして実際に計算してみたところ、その6つの数が全て余りとして出てきたわけだ。そして、それこそが手品のタネなのである。なぜか？　今度は2÷7を計算してみよう。

CHAPTER 1 連分数を使った数当て(基本編)

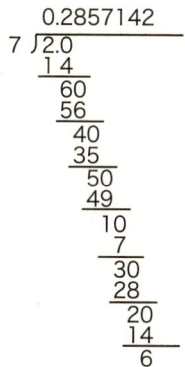

 1÷7 の計算と比べてみると、よく似た計算をしていることがわかる。より正確に言うと、1÷7 の計算で余りが 2 になったところからの計算と全く同じ計算をしている。よって、2÷7 を小数であらわした値は、1÷7 を小数であらわした値と同じ数字の並びの繰り返しで、ただ出発点を変えただけ、というものになっているわけだ。ところが、2÷7 は 1÷7 の 2 倍なので、最初の 6 桁だけを取り出してみれば、ちょうど 2 倍になっている。つまり、$142857 \times 2 = 285714$ となり、142857 の 2 倍は、同じ 6 桁の数の並びの出発点を変えただけの数になっている、という仕組みである。

 1÷7 の計算の途中に出てくる余りは 1、2、3、4、5、6 の全てが尽くされるので、同じ論法で 3÷7 = 0.428571 …、4÷7 = 0.571428 …、5÷7 = 0.714285 …、6÷7 = 0.857142 … となり、それぞれ最初の 6 桁の数字が、元の 142857 の 3 倍、4 倍、5 倍、6 倍になっているわけである。つまり、1÷7 を計算すると、余りとして 1 から 6 まで全ての数があらわれる、それが 142857 という数の不思議な性質の秘密である。

 142857 と同様の性質を持つ数を、同じアイデアでどんどん

作ることができる。詳しくは付録2（287ページ）をご覧いただきたい。

手品のタネがわかったので、この節の課題に戻ろう。つまり、分数を小数であらわすと、必ず循環小数であらわすことができるかどうか、という問題である。

a と b が整数として、$a \div b$ という割り算を小数点以下どんどん計算していく。途中で割り切れたら、そのあとに0を並べて循環小数としてあらわされるので、ここでは、どこまで行っても割り切れない場合を考える。割り算の計算の途中で出てくる「余り」に注目する。

先の手品で、$1 \div 7$ の場合は、7で割るのだから、割り算計算の余りとして出てくる可能性がある数は0、1、2、3、4、5、6の7通りであった。b を正の数としてよいので（$b<0$ なら、例えば $\frac{3}{-7}$ みたいな分数なら、分母分子を -1 倍して $\frac{-3}{7}$ と書き換えればよい）、$a \div b$ の割り算の計算の余りとして出てくる可能性がある数は 0、1、2、3、$\cdots$、$b-2$、$b-1$ の b 個だけである。割り算が途中で割り切れない場合を考えているので、このうち0はあらわれず、残りの1から $b-1$ までの中から、余りが無限に出続ける。すると小数点以下 b 桁目まで計算した時点で、必ず2回以上余りとして出現する数があるはずだ。

ところが、割り算の計算方法から考えて、一旦同じ余りが出てくると、その後の割り算の計算は全く同じ計算になってしまう。つまり、ある数が余りとして2回以上出てくるとして、その数を r と書くことにしよう。最初の r が余りとして出てきたところから割り算の計算をしていくと、やがてもう一度同じ余り r が出てくる、というわけだ。そこから先は、同じ計算の繰り返し。余り r から同じ r へ戻る計算を無限に

CHAPTER 1 連分数を使った数当て(基本編)

繰り返し、割り算の結果は同じ数の並びが無限に繰り返すことになる。したがって、a と b が整数として、$a \div b$ を小数として計算すると、もしも割り切れなければ、必ず循環小数になることがわかったわけである。しかも、循環節の長さは分母の b より小さく取れることもわかった。

a とか b とか言われても、具体的に数を出してもらわないと雰囲気がつかめない、という読者は是非次の練習問題を手を動かして解いていただきたい。割り算を計算して、割り切れなければ必ず循環する、という手応えがつかめると思う。

練習問題2

(1) $1 \div 13$ を計算し、小数点以下何桁目で循環するかを調べよ。

(2) $2 \div 13$ を計算し、小数点以下何桁目で循環するかを調べよ。

(3) $3 \div 13$、$4 \div 13$、$5 \div 13$、$6 \div 13$、…、$12 \div 13$ を計算すると、小数点以下何桁目で循環するか？（上の小問(1)、(2)をちゃんと計算していれば、ここでは新たに計算する必要はない。）

(4) $1 \div 21$、$2 \div 21$ を計算し、小数点以下何桁目で循環するかを調べよ。

(解答は310ページ)

結論

$\dfrac{整数}{整数}$ という形の分数は、小数に書き換えると循環小数としてあらわすことができる。循環節の長さは、分数の分母よりも小さい。

3. 循環小数を用いた方法の限界

ここまで簡単に「分数」とよんできたが、正確には分母分子が整数になるような、つまり $\frac{整数}{整数}$ という形であらわされる分数のことを指している。それ以外の形の分数も今後出てくるので、ここで言葉をはっきりさせておこう。

$\frac{整数}{整数}$ という形であらわすことができる数のことを**有理数**とよぶ。第1節では、循環小数としてあらわされるような数の正体の見破り方を紹介したが、その正体は分母分子が整数となるような分数の形になってあらわれる、つまり循環小数は有理数になるのであった。逆に第2節では、有理数を小数表示すると必ず循環小数になることを確かめた。つまり有理数とは循環小数であらわされる数のことでもあり、次のように定義することができる。

定義2

$\frac{整数}{整数}$ という形の分数であらわすことができる数のことを**有理数**とよぶ。有理数とは、小数であらわすと循環小数としてあらわすことができる数のことだ、といってもよい。

なお、小数部分が出てこない整数や、途中で割り切れる有限小数も有理数である。小数表示に0を無限に付け足して、0が繰り返す循環小数としてあらわすことができるからだ。「整数は、分数ではないぞ」と気にする読者もいるかもしれないが、5や−7のような整数は $\frac{5}{1}$ や $\frac{-7}{1}$ のように $\frac{整数}{整数}$ という分数としてあらわすことができるので、確かに有理数だ。ま

CHAPTER 1　連分数を使った数当て(基本編)

た、1.2345 のような有限小数は $\frac{12345}{10000}$ のような分数に書き換えることができるので、やはり有理数である。

さて、第 1 節で循環小数であらわされる数の正体を見破る方法をマスターしたわけだが、この数当て法には致命的な欠陥が少なくとも 2 つある。

(1) 循環小数であらわされない数には、この数当て法は通用しない。
(2) 循環小数でも、循環の周期が長くなると、循環することが見破れないかもしれない。

まず欠陥(1)について説明を加えておこう。そもそも小数が循環することを使って数の正体が見破れたとすると、その数は 99 や 9900 のような整数を分母とした分数としてその正体をあらわすことになる。したがって、整数を分母・分子に持つ分数としてあらわされる数でないと、正体が見破れない。循環小数としてあらわされる数とは有理数のことであり、有理数でない数を小数であらわしても循環しないので、これまでの方法でその正体を見破ることはできない。有理数でない実数を**無理数**とよぶ。無理数については第 2 章、第 3 章で詳しく解説する。

次に欠陥(2)について。例えば 8 桁表示の電卓を使って数当てをしているとすると、少なくとも 3 桁か 4 桁くらいで循環してくれないと、循環していると見破るのは難しい。0.2307692という 8 桁表示だけを見て、「最後の 2 は小数点以下 1 桁目の 2 が循環したものだ」と「見破った」としたら、それはインチキか、あるいは少なくとも説明不足だ。残念ながら、簡単な分数のくせに小数が循環する周期がかなり長くなるものは少なくない。

30桁、40桁の周期で循環する小数だっていくらでもある。例えば分数 $\frac{整数}{47}$ を小数表示したら、割り切れなければ46桁周期だし、$\frac{整数}{59}$ だと58桁周期だ。ここは何か小数の循環を使わない、新しい数当ての方法が欲しいところだ。0.2307692の最後の2が最初の2と同じだ、と見破った人は、何か別の方法でこの数の正体を見破ったに違いないのである。

結論

循環しない小数や、たとえ循環してもその周期が長過ぎる小数は、第1節の方法で正体を見破ることができない。

4．連分数

小数の数字が循環する様子がわからなくても数の正体を見破るテクニックとして、連分数がある。まず、その計算手順を紹介しよう。

数には、整数部分と小数部分がある。例えば123.456なら、123の部分が**整数部分**で、0.456の方が**小数部分**、というわけだ。それから、ある数の**逆数**とは、1をその数で割ったもののことである。2の逆数は $\frac{1}{2}=0.5$ だし、0.1の逆数は $\frac{1}{0.1}=10$ となる。小数部分と逆数を使って、次のような手順を考える。

手順1：数の整数部分をメモした上で、小数部分を取り出す。もしその小数部分が0でなければ、小数部分の逆数を計算する。

小数部分は1より小さい数なので、逆数を取ると1よりも大きい数になる。そこで、再びこの数を整数部分と小数部分

CHAPTER 1 連分数を使った数当て(基本編)

にわけ、手順1を適用することができる。このようにして、小数部分が0になるまで、手順1を繰り返し行うことにする。それだけで、数の正体が見破れてしまう、というのだ。一体どうやって？ 試しに1.2708333…（以下無限に3が続く）という数の正体を、この方法で見破ってみよう。

例題5

1.2708333… に対して、手順1を、小数部分が0になるまで繰り返し実行せよ。

8桁の電卓（できれば逆数を計算できるもの。逆数ボタンがない電卓でも、$\boxed{\div}$ $\boxed{=}$ と順に押せば、逆数が計算できるようになっているものなどがある）を準備して、これを使って手順通り計算してみる。

まず、1.2708333… の整数部分は1、小数部分は0.2708333…だ。この小数部分の逆数を計算すると

$$1 \div 0.2708333 = 3.6923081$$

元の数よりも複雑になってしまったようだが、気にせず手順1を続ける。3.6923081の整数部分は3、小数部分は0.6923081なので、0.6923081の逆数を計算して

$$1 \div 0.6923081 = 1.4444435$$

ここの計算は実際に8桁の電卓で計算したもので、小数点以下9桁目から先を切り捨てたので、その誤差が重なって最後の2桁が35となってしまったが、本当は4が無限に続く。切り捨ての誤差があることに注意しながら、計算を続けることにしよう。1.4444435の整数部分は1、小数部分は0.4444435

33

なので、その小数部分の逆数を計算して

$$1 \div 0.4444435 = 2.2500047$$

整数部分は 2、小数部分は 0.2500047 なので、その小数部分の逆数を計算して

$$1 \div 0.2500047 = 3.9999248$$

厳密に言えば整数部分が 3 で小数部分が 0.9999248 だが、誤差があることを考慮すると、実際はこれはぴったり 4 であろう。そう推測すれば、ここで整数部分が 4、小数部分が 0 となり、手順 1 の部分が終わる。

次に、この計算結果を解釈する手順 2 に入る。

手順2：メモしておいた整数部分を手がかりに、正体を見破るべき数を連分数の形にあらわす。

「連分数」という言葉が出てきたが、これは一体何だろう？ごちゃごちゃ説明するより、具体例で実演してみるのが手っ取り早い。例題 5 で扱った 1.2708333… でやってみよう。まず小数部分 0.2708333 の逆数を計算すると 3.6923081 になったので

$$\frac{1}{0.2708333} = 3.6923081$$

両辺の逆数を取ると

$$0.2708333 = \frac{1}{3.6923081}$$

つまり

$$1.2708333 = 1 + 0.2708333 = 1 + \frac{1}{3.6923081}$$

CHAPTER 1　連分数を使った数当て(基本編)

と書ける。次に、この分母にきている 3.6923081 は 3 と 0.6923081 を足したものだが、0.6923081 の逆数は 1.4444435 だったので

$$\frac{1}{0.6923081} = 1.4444435$$

両辺の逆数を取って

$$0.6923081 = \frac{1}{1.4444435}$$

これを代入して

$$1 + \frac{1}{3.6923081} = 1 + \frac{1}{3 + 0.6923081} = 1 + \frac{1}{3 + \dfrac{1}{1.4444435}}$$

と書き換えることができる。さらに 0.4444435 の逆数が 2.2500047 になったので同様に計算して

$$1 + \frac{1}{3 + \dfrac{1}{1.4444435}} = 1 + \frac{1}{3 + \dfrac{1}{1 + \dfrac{1}{2.2500047}}}$$

となる。最後に 0.2500047 の逆数を 4 とみなしたので

$$1 + \frac{1}{3 + \dfrac{1}{1 + \dfrac{1}{2.2500047}}} = 1 + \frac{1}{3 + \dfrac{1}{1 + \dfrac{1}{2 + \dfrac{1}{4}}}}$$

分数の分母がまた分数で、そのまた分母がまた分数、という分数が連なった形になっている。このような形の分数を、**連分数**とよぶ。手順 1 でメモしておいた整数部分、1、3、1、2、4 が順にあらわれることがわかる。

さて、最後のステップはこの連分数を普通の分数に戻してやればよい。

35

手順3：得られた連分数を、下から順に普通の分数に書き換えることによって、数の正体を見破る。

まず、一番最後の $2+\dfrac{1}{4}$ は $\dfrac{9}{4}$ と書き換えることができる。これを代入すると

$$1+\cfrac{1}{3+\cfrac{1}{1+\cfrac{1}{2+\cfrac{1}{4}}}}=1+\cfrac{1}{3+\cfrac{1}{1+\cfrac{1}{\frac{9}{4}}}}=1+\cfrac{1}{3+\cfrac{1}{1+\cfrac{4}{9}}}$$

再び一番下の分数 $1+\dfrac{4}{9}$ は $\dfrac{13}{9}$ と書き換えることができるので

$$1+\cfrac{1}{3+\cfrac{1}{1+\cfrac{4}{9}}}=1+\cfrac{1}{3+\cfrac{1}{\frac{13}{9}}}=1+\cfrac{1}{3+\cfrac{9}{13}}$$

と変形できる。最後に $3+\dfrac{9}{13}=\dfrac{48}{13}$ なので

$$1+\cfrac{1}{3+\cfrac{9}{13}}=1+\cfrac{1}{\frac{48}{13}}=1+\frac{13}{48}=\frac{61}{48}$$

というように、正体を見破ることに成功した。実際、$61\div 48$ を計算してみると、$1.2708333\cdots$ となり、この答えが正しいことがわかる。

連分数を使って数の正体を見破る計算では、同じ数字の並びが繰り返す、という条件を使わずに計算していることに注意しよう。この方法なら、数字の循環する周期が長くて、その周期を見破れなくても、関係なしに数の正体を見破ることができるのである。

さてもう一つ。

CHAPTER 1 連分数を使った数当て（基本編）

例題6

無間地獄数 0.259259259… （259 という数の並びが繰り返す）について、連分数を使って正体を見破ってみよう。

これは例題3で、循環小数のパターンを使って $\frac{259}{999}$ である、と正体を見破った数であるが、連分数を使うとちょっと違う結果になる。

まず、全体が小数部分なので、全体の逆数を取って $1 \div 0.2592592 = 3.8571437$ となる。手順1に従って小数部分を取り出すと 0.8571437 なので、その逆数を取って $1 \div 0.8571437 = 1.1666655$、さらにこの小数部分 0.1666655 の逆数を取ると 6.000042。端数は多分誤差だろう、と推察すると、ここで整数部分がぴったり6、小数部分が0になる。次に手順2に従い連分数の形であらわすと

$$0.259259259\cdots = \cfrac{1}{3.8571437}$$
$$= \cfrac{1}{3+\cfrac{1}{1.1666655}}$$
$$= \cfrac{1}{3+\cfrac{1}{1+\cfrac{1}{6}}}$$

とあらわされる。手順3に従って分数を計算すると

$$\cfrac{1}{3+\cfrac{1}{1+\cfrac{1}{6}}} = \cfrac{1}{3+\cfrac{6}{7}} = \cfrac{7}{27}$$

というように正体を見破ることができた。実際に割り算し

てみると

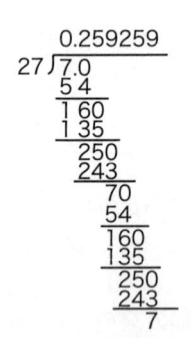

```
        0.259259
27 ) 7.0
     5 4
     1 60
     1 35
       250
       243
        70
        54
        160
        135
        250
        243
          7
```

となり、確かに 259 が無限に繰り返す循環小数になっていることがわかる。電卓で確かめてもよいが、電卓では本当に循環小数になっているのか、それともたまたま表示されている桁数まで数字が合っているだけなのか、区別がつかないので、筆算で検算する方がよい。

さっき循環小数を使って $0.259259\cdots = \frac{259}{999}$ が得られたが、実はこの分数は約分ができるのである。ちょっと気付きにくいが、分母分子を 37 で割れば $\frac{7}{27}$ となる。面白いことに連分数を使うと最初から約分された形（つまり既約分数）として答えが求まるのだ。その理由については第 3 章第 2 節および第 5 章第 3 節で紹介する。

結論

連分数を使っても、数の正体を見破ることができる。

練習問題 3

連分数を使って次の数の正体を見破り、分数であらわせ。
(1) $0.444\cdots$ （4 が繰り返す）

CHAPTER 1　連分数を使った数当て(基本編)

(2) $0.313131\cdots$　(31 が繰り返す)

(3) $0.123123123\cdots$　(123 が繰り返す)

(4) $0.3472222\cdots$　(小数点以下 4 桁目以降は 2 が繰り返す)

(5) $0.4634146341\cdots$　(46341 が繰り返す)

(6) $0.2307692\cdots$　(前の節の最後に出てきた数)

(解答は 310 ページ)

5．なぜ数の正体を見破ることができるの？

　連分数の出張講義で必ずやるのが、数当ての実演だ。聴衆の中から出題者を一人任意に選び、$\dfrac{2\,桁}{2\,桁}$ という形の分数を作ってもらう。電卓で割り算を計算し、答えだけ読み上げてもらって、板書する。そして大きな紙にその分数を書いてもらい、講師には見えないようにして、その分数を皆に発表してもらう。教室中で、講師だけがその分数を知らないわけだ。さあ、あなたはその分数を当てられるか？　今日の問題は、これだ。

$$1.3114754$$

　連分数を使って数を当てる方法を講義で紹介した直後にやるので、聴衆には既に手品のタネを見せてしまったわけだが、それでも本当に分数が当てられるものかどうか、みな興味津々だ。あなたも講師になったつもりで、電卓片手に、これがどういう分数なのか、正体を見破ってみてもらいたい。

　まずは手順 1。順に整数部分と小数部分にわけ、その小数部分の逆数を計算していこう。小数部分に下線を引くことにして

$$1 \div 0.3114754 = 3.\underline{2105264}$$

$$1 \div 0.2105264 = 4.\underline{7499981}$$
$$1 \div 0.7499981 = 1.\underline{3333367}$$
$$1 \div 0.3333367 = 2.9999697$$

誤差を考慮すると多分これは3が正しい値である。そこで次に手順2に従い、連分数であらわす。

$$1.3114754 = 1 + \cfrac{1}{3 + \cfrac{1}{4 + \cfrac{1}{1 + \cfrac{1}{3}}}}$$

あとは手順3に従って慎重に計算して

$$\begin{aligned}
1.3114754 &= 1 + \cfrac{1}{3 + \cfrac{1}{4 + \cfrac{1}{\boxed{1 + \tfrac{1}{3}}}}} \qquad 1 + \tfrac{1}{3} = \tfrac{4}{3} \\
&= 1 + \cfrac{1}{3 + \cfrac{1}{\boxed{4 + \tfrac{3}{4}}}} \qquad 4 + \tfrac{3}{4} = \tfrac{19}{4} \\
&= 1 + \cfrac{1}{\boxed{3 + \tfrac{4}{19}}} \qquad 3 + \tfrac{4}{19} = \tfrac{61}{19} \\
&= 1 + \tfrac{19}{61} \\
&= \tfrac{80}{61}
\end{aligned}$$

うまく正解できただろうか？ この答え合わせをするときが、出張講義で一番緊張する瞬間だ。聴衆の雰囲気で正解かどうか大体見当がつくが、きちんと検算しておこう。$80 \div 61 = 1.3114754$、よし。

CHAPTER 1 連分数を使った数当て(基本編)

それにしても、どうして連分数で数を当てられるのだろう？それがこの節の課題だ。なぜ連分数で数の正体が見破れるのか、その理由を考えてみよう。

数を連分数に書き換える際の手順の中に、「数を整数部分と小数部分にわける」というものがあった。分数表記された数に対してもその操作ができるようにしたい。まずそのための言葉を用意しよう。

分数には、$\frac{5}{13}$ のように分母の方が分子よりも大きいものと、$\frac{5}{3}$ のように分母よりも分子が大きいものがある。$\frac{5}{13}$ のように分母の方が分子より大きい分数のことを**真分数**、$\frac{5}{3}$ のように分母よりも分子が大きいものを**仮分数**とよぶ。分母よりも分子が大きい仮分数は、$\frac{5}{3} = 1 + \frac{2}{3} = 1\frac{2}{3}$ というように、整数と真分数の和として書き換えることができる。このように、整数と真分数の和の形であらわされた分数を**帯分数**とよぶ。例えば帯分数 $1\frac{2}{3}$ において、1を**整数部分**、$\frac{2}{3}$ を**真分数部分**とよぶことにする。

連分数を用いて数の正体を見破ったときは小数表示で計算していたわけだが、その操作を分数表記でもシミュレートすることができる。まず手順1は「数の整数部分をメモした上で、小数部分を取り出す。もしその小数部分が0でなければ、小数部分の逆数を計算する」というものだったが、これを分数表記の言葉で表現すると、「分数を帯分数としてあらわし、整数部分と真分数部分とにわける。整数部分をメモした上で真分数部分を取り出す。もし真分数部分が0でなければ、その分母と分子を引っくり返す」。小数だと逆数の計算は電卓がないと大変だが、分数表記だと、逆数を取るのに計算の必要はない。分母と分子を引っくり返せばよいのだ。具体例で

見てみよう。

この節の最初に $1.3114754\cdots = \dfrac{80}{61}$ の正体を見破る計算をしたわけだが、この数の場合に、分数表示に着目して手順1によって一体何を求めていたことになるのかを調べてみる。まず $\dfrac{80}{61}$ を帯分数表示すると $\dfrac{80}{61} = 1\dfrac{19}{61}$ となる。1が整数部分、$\dfrac{19}{61}$ が真分数部分である。そこで、この真分数部分の逆数を取る。分数で逆数を計算するのは、分母と分子を引っくり返すだけでよい。よって $\dfrac{19}{61}$ の逆数は $\dfrac{61}{19}$ となる。$\dfrac{19}{61}$ は真分数だったので分母の方が分子より大きい分数だが、分母・分子を引っくり返すと逆に分子の方が大きい仮分数になる。そこで、これを帯分数表示に書き換えると $\dfrac{61}{19} = 3\dfrac{4}{19}$ となる。新しい真分数部分 $\dfrac{4}{19}$ が得られたので、再び分母・分子を引っくり返して $\dfrac{19}{4} = 4\dfrac{3}{4}$ と計算する。その真分数部分 $\dfrac{3}{4}$ も逆数を取って帯分数の形で書き表すと $\dfrac{4}{3} = 1\dfrac{1}{3}$ となる。最後にこの真分数部分 $\dfrac{1}{3}$ の逆数を取ると、$\dfrac{3}{1} = 3$ となり、ぴったり割り切れて手順1の計算が終わる、というわけだ。

今の分数表示の計算と、この節の最初で行った連分数計算とを比較してみよう。次の表の左半分が小数での連分数計算、右半分がそれを分数で表示したものである。

小数で計算するか分数で計算するか、という違いはあるが、左側と右側がぴったり対応した計算になっていることがわかる。小数表示で整数部分と小数部分にわける、ということは、分数表示でいうと仮分数を帯分数に書き換えるということ、そしてその小数部分の逆数を取るということは、真分数部分の分母と分子を引っくり返す、ということなのだ。$1.3114754\cdots$ という数の正体を連分数を使って見破ったときの計算が実は何を計算していたのか、その意味がこれではっきりする。

CHAPTER 1　連分数を使った数当て(基本編)

操作①小数部分の逆数を取る
　　②整数部分と小数部分にわける

$$1.3114754\cdots = 1+0.3114754\cdots$$
$$= 1+\cfrac{1}{3.2105264} \quad ①$$
$$= 1+\cfrac{1}{3+0.2105264} \quad ②$$
$$= 1+\cfrac{1}{3+\cfrac{1}{4.7499981}} \quad ①$$
$$= 1+\cfrac{1}{3+\cfrac{1}{4+0.7499981}} \quad ②$$
$$= 1+\cfrac{1}{3+\cfrac{1}{4+\cfrac{1}{1.3333367}}} \quad ①$$
$$= 1+\cfrac{1}{3+\cfrac{1}{4+\cfrac{1}{1+0.3333367}}} \quad ②$$
$$= 1+\cfrac{1}{3+\cfrac{1}{4+\cfrac{1}{1+\cfrac{1}{3}}}} \quad ①$$

操作①真分数部分の逆数を取る
　　②整数部分と真分数部分にわける

$$\frac{80}{61} = 1+\frac{19}{61}$$
$$= 1+\cfrac{1}{\cfrac{61}{19}} \quad ①$$
$$= 1+\cfrac{1}{3+\cfrac{4}{19}} \quad ②$$
$$= 1+\cfrac{1}{3+\cfrac{1}{\cfrac{19}{4}}} \quad ①$$
$$= 1+\cfrac{1}{3+\cfrac{1}{4+\cfrac{3}{4}}} \quad ②$$
$$= 1+\cfrac{1}{3+\cfrac{1}{4+\cfrac{1}{\cfrac{4}{3}}}} \quad ①$$
$$= 1+\cfrac{1}{3+\cfrac{1}{4+\cfrac{1}{1+\cfrac{1}{3}}}} \quad ②$$
$$= 1+\cfrac{1}{3+\cfrac{1}{4+\cfrac{1}{1+\cfrac{1}{3}}}}$$

さてそうすると、どんな有理数でも連分数の計算を続けるうちにいつかは割り切れてしまって正体を見抜くことができる、ということが、右側の計算からわかる。一番右下の分母の大きさに着目して、観察してみよう。「①真分数部分の逆数を取る」という操作を行うと、必ず分母が小さくなる。真分数は、分母より分子の方が小さい分数だから、分母と分子を引っくり返すと、分母がより小さい数で置き換えられるからだ。そして「②帯分数にして、整数部分と真分数部分にわける」という操作では、分母は変わらない。結局①②というひとまとまりの操作を繰り返すごとに分母はどんどん小さくなっていき、いつかはこの操作が続けられなくなる。つまり真分数部分の分子が0になって、きっちり割り切れることになる。

上で計算した例でいうと、元々分母が61だったので、最悪でも60回、「真分数部分の逆数を取る」という操作を繰り返せば分子が0になり、計算が終了する。ここでは分母は61→19→4→3という変遷をたどり、60回も計算しなくても、わずか数回で計算結果が求まる、ということになっている。

> **結論**
>
> 有理数に対して連分数の計算方法を適用すると、必ずいつかは小数部分の逆数が割り切れて整数となり、その有理数の正体を見破ることができる。

> **チャレンジ**
>
> 友達と、数当て勝負をしてみよう。一方が電卓で2桁割る2桁の計算をして、答えだけを相手に見せ、もう一

方が、連分数を使ってその割り算の正体を見破る、というものだ。実は 8 桁を表示できる電卓であれば、3 桁割る 3 桁でも見破ることができる。ただし、時間がかなりかかってしまう。

6．数列から作った数

1.23456789… と、数字を順番に並べてできる数に連分数の方法を適用して、その正体を見破ってみよう。8 桁の電卓を使った計算結果をご覧に入れる。

まず 1.2345678 の小数部分 0.2345678 の逆数を計算すると、4.2631597。

その小数部分 0.2631597 の逆数は 3.7999739。

その小数部分 0.7999739 の逆数は 1.2500407。

そのまた小数部分 0.2500407 の逆数は 3.9993489。

これが多分ぴったり 4 だろうと推測して、連分数にあらわし、正体を見破ると

$$1.2345678\cdots = 1 + \cfrac{1}{4 + \cfrac{1}{3 + \cfrac{1}{1 + \cfrac{1}{4}}}} = \frac{100}{81}$$

と推測できる。試しに $100 \div 81$ を計算してみると

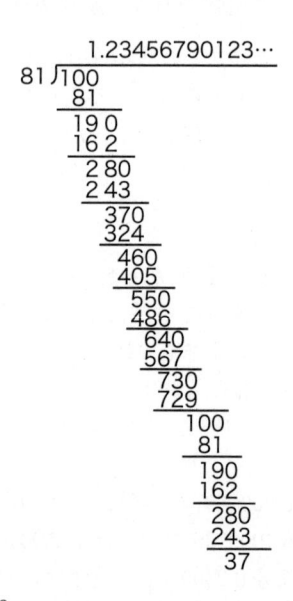

```
                    1.23456790123…
                81 )100
                    81
                    190
                    162
                     280
                     243
                      370
                      324
                       460
                       405
                        550
                        486
                         640
                         567
                          730
                          729
                           100
                            81
                           190
                           162
                            280
                            243
                             37
```

　この通り、$\frac{100}{81}$ を小数であらわすと、123456790 という数の並びが繰り返す。1 から 9 までの数字のうち、8 が抜けていることに注意しよう！　「1.23456789… という数の正体を見破るのだ」といって計算を始めたわけだが、誤差を無視したために、出来上がった数はちょっとだけ違う数になってしまった。実際のところ、1.2345679012345… という循環小数は、次のようにして得られるので、それほど見当違いというわけではない。

CHAPTER 1　連分数を使った数当て（基本編）

```
     1
     0.2
     0.03
     0.004
     0.0005
     0.00006
     0.000007
     0.0000008
     0.00000009
     0.000000010
+) 0.0000000011
───────────────
     1.234567901…
```

　どうしてこんな数が簡単な分数としてあらわされてしまうのだろうか？　その理由は、次のように説明できる。$S = 1 + 0.2 + 0.03 + 0.004 + \cdots$ とおこう。

$$\begin{array}{rl} S = & 1 + 0.2 + 0.03 + 0.004 + 0.0005 + \cdots \\ -)\ 0.1S = & 0.1 + 0.02 + 0.003 + 0.0004 + \cdots \\ \hline 0.9S = & 1 + 0.1 + 0.01 + 0.001 + 0.0001 + \cdots \end{array}$$

という計算により、$0.9S = 1.111\cdots = 1\dfrac{1}{9} = \dfrac{10}{9}$ となる。ここで $0.1111\cdots = \dfrac{1}{9}$ という等式は、循環小数と思って求めてもよいし、よく知られている等式 $\dfrac{1}{3} = 0.33333\cdots$ の両辺を3で割ったものだと思ってもよい。かくして $0.9S = \dfrac{10}{9}$ なので、両辺を 0.9 で割って

$$S = \frac{10}{0.9 \times 9} = \frac{10}{8.1} = \frac{100}{81}$$

が得られた。

コラム2　チャンパーノウン数

$\frac{100}{81} = 1.2345679012345679\cdots$ によく似た数として、チャンパーノウン数（Champernowne constant）というものがある。

$$0.12345678910111213141516\cdots$$

というように、自然数を1から順にずらずらと書き並べて作る数だ。「1.23456789… の正体を見破ろう」と言った場合、このチャンパーノウン数の10倍の正体、と考える方が自然かもしれない。チャンパーノウン数は、有理数ではない。つまり $\frac{整数}{整数}$、という形の分数としてあらわすことができない。第2節の結果を使って証明できるので、紹介しておこう。

チャンパーノウン数が、整数 n と m によって $\frac{m}{n}$ というようにあらわされたと（事実に反して）仮定してみる。第2節の結果によれば、チャンパーノウン数の小数表示は、ある桁数から先が循環するはずである。しかし、チャンパーノウン数の作り方からして、そのような循環が起こりそうには思われない。厳密に証明してみよう。（編集者の意見によると、ここの議論は難しいそうだ。この話は今後必要ないので、面倒なら読みとばしてもらって構わない。）

チャンパーノウン数には1から順に全ての数が出てくるので、1億（1のあとに0が8個並ぶ。1億 $= 10^8$ とあらわされる）や1兆（1のあとに0が12個並ぶ。1兆 $= 10^{12}$ とあらわされる）のように、たくさん0が並ぶ数も登場する。チャンパーノウン数の分母が n だと仮定したわけだが、その n を使って、1のあとに0が $2n$ 個並ぶような数 10^{2n} を考えると、これもチャンパーノウン数の数字の並び

CHAPTER 1 連分数を使った数当て(基本編)

の中にあらわれる。第2節の議論を注意深く読んでもらえればわかる通り、小数点以下 $(n+1)$ 桁目までには循環が始まっている。10^{2n} までに、1、10、100、…、10^n と $(n+1)$ 個以上の数の並びがあらわれているはずなので、10^{2n} が出てきた時点では既に $(n+1)$ 桁を超え、数字が循環しているはずだ。そこで、チャンパーノウン数 $\frac{m}{n}$ を小数表示して、その循環が始まったところから循環周期ごとに小数表示を区切っていってみよう。第2節の結果より、循環の周期は最大でも $(n-1)$ 桁だということに注意すると、10^{2n} のところでは図のようになっていることがわかる。

10^{2n} は1の後に0が$2n$個並ぶ数。

循環周期 循環周期 循環周期
1000……000………0000…000
[$n-2$ 桁以下] [$n-1$ 桁以下]
ここまで、$(n-2)+(n-1)=(2n-3)$ 桁以下

つまり、循環周期が少なくとも1つ、0が $2n$ 個並ぶ列にすっぽり含まれるので、循環周期の数字は全て0になることがわかった。ということは、チャンパーノウン数は小数表示の循環が始まった先は全て0が並ぶような数であり、言い換えるとチャンパーノウン数は有限小数だということになる。だが、そんなことはあり得ない。チャンパーノウン数はどこまで小数表示を続けても、0から9までの数字が全てあらわれ続けるような数だからだ。よって「チャンパーノウン数が整数 n と m によって $\frac{m}{n}$ というようにあらわされた」と仮定したことが間違っていたのだ、と結論できる。つまりチャンパーノウン数は無理数であることが証明できた。

同様の方法で、別の数列から数を作ろう。まず数列の定義から始める。

> **定義3**
>
> 数の列を、次のように作る。まず最初の2つの数字を1、1から始め、次の数は1+1=2で、2とし、その次の数は、直前の2つの数を足して1+2=3、その次はまた直前の2つの数を足して2+3=5とする。以下、「直前の2つの数を足して次の数を作る」というルールに従ってどんどん数の列を作っていく。こうしてできた数列を、**フィボナッチ数列**とよぶ。また、フィボナッチ数列にあらわれる数のことを<u>フィボナッチ数</u>とよぶ。

> **コラム3 フィボナッチとフィボナッチ数列**
>
> フィボナッチは、1200年頃にイタリアのピサで活躍した数学者。1202年に『Liber Abaci』(算盤の書)を出版、ヨーロッパにアラビア数字による位取り記数法、つまり現在使われている数の表記法を紹介し、それを用いた四則演算の計算方法を解説した。その中で足し算の練習問題のためにフィボナッチ数列を導入した。だからこのフィボナッチ数列を計算して足し算の練習をするのは、本来のフィボナッチの意図にかなうことである。
>
> 本書では今後も何度かフィボナッチ数が登場するので、どんな数がこの数列にあらわれるかを知っておいてもらう、というねらいもある。

CHAPTER 1　連分数を使った数当て(基本編)

$$1,\ 1,\ 2,\ 3,\ 5,\ 8,\ 13,\ 21,\ 34,\ 55,\ 89,\ 144, \cdots$$

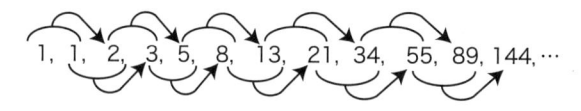

では、このフィボナッチ数列を使って数を作ろう。数列に出てくる数字を並べて 0.11235⋯ という数を作ることができる。正確には、さっきと同様、1桁ずつずらしながら数列に出てくる数を足し算する。

```
      0.1
      0.0 1
      0.0 0 2
      0.0 0 0 3
      0.0 0 0 0 5
      0.0 0 0 0 0 8
      0.0 0 0 0 0 1 3
   +) 0.0 0 0 0 0 0 2 1
   ─────────────────────
      0.1 1 2 3 5 9 5 ⋯
```

最後の桁が ⋯ となっているのは、さらに次の2つの項からの影響で、ここの桁の正しい値が5と定まるからである。もう少し書き下すと 0.112359550561⋯ となる。さて、こうやって作った数 0.112359550561⋯ の正体を、連分数を使って見破ろう。

整数部分が0なので、0.112359550561 そのものが小数部分となる。その逆数を取ってみると、いきなり 8.900000000063 となり、誤差を考えると、これはぴったり 8.9 と見てよいだろう。つまり

$$0.1123595\cdots = \frac{1}{8.9} = \frac{10}{89}$$

と正体が見破れたことになる。実際検算してみると、10÷89 = 0.11235955056⋯ となり、確かに数字の並びは合ってい

51

る。なぜこんな不思議な分数になるのだろうか？

フィボナッチ数列に似た数列で、**リュカ数列**というものがある。最初の2つの数を1、1のかわりに2、1からスタートして、あとは同じルールで次々と数を作っていったものである。具体的には2、1、3、4、7、11、18、29、… というような列になる。

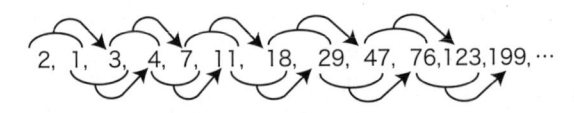

$$2,\ 1,\ 3,\ 4,\ 7,\ 11,\ 18,\ 29,\ 47,\ 76, 123, 199, \cdots$$

さっきと同じようにこの数列から数を作って 0.213483146067 … という数ができあがる。これも連分数で正体を見破ってみよう。

$1 \div 0.213483146067 = 4.684210526324\cdots$

$1 \div 0.684210526324 = 1.461538461520\cdots$

$1 \div 0.461538461520 = 2.166666666753\cdots$

$1 \div 0.166666666753 = 5.999999996892\cdots$

この最後の数が6だろうと考えると、手順2によって

$$0.213483\cdots = \cfrac{1}{4+\cfrac{1}{1+\cfrac{1}{2+\cfrac{1}{6}}}}$$

となる。この連分数を手順3に従って普通の分数に書き換えると、$\dfrac{19}{89}$ となる。実際検算してみると、$19 \div 89 = 0.2134831$ となり、数の並びも合っている。

それにしても、またしても分母が89だ。何か理由があるのだろうか？ この数の正体は連分数を使わなくても、次のようにして求めることができる。例えばフィボナッチ数列から

CHAPTER 1　連分数を使った数当て（基本編）

作った数の場合に、$S = 0.1123595\cdots$ とおくと

$$S = 0.1 + 0.01 + 0.002 + 0.0003 + \cdots$$
$$0.1S = \phantom{0.1 + {}}0.01 + 0.001 + 0.0002 + \cdots$$
$$-)\ 0.01S = \phantom{0.1 + 0.01 + {}}0.001 + 0.0001 + \cdots$$
$$0.89S = 0.1$$

S から $0.1S$ と $0.01S$ を引くと、最初の 0.1 を除いて全てキャンセルしてしまう。$0.89S = 0.1$ なので、両辺を 0.89 で割って、$S = \dfrac{0.1}{0.89} = \dfrac{10}{89}$ というわけである。これに気付けば、連分数を使わなくても $0.11235\cdots$ という数が $\dfrac{10}{89}$ であることを見抜くことができる。リュカ数列の場合はどう説明がつくか、是非自分で試してみてほしい。

ちなみに、第 2 節の結果により、$\dfrac{10}{89}$ も $\dfrac{19}{89}$ も循環小数になる。だがその循環する周期は 44 桁なので、20 桁や 30 桁計算しても、その数字の繰り返しを見抜くことはできない。

結論

小数が循環するパターンが見抜けない場合でも、連分数を使えばその正体を見抜くことができる。数字の並び方が、循環とは別の規則に従っている場合に、その規則から数の正体を見抜くことができる（あるいは少なくとも説明がつけられる）場合がある。

練習問題 4

(1) 最初の数の並びを 3、1 として、あとはフィボナッチ数列と同じルールで作っていった数列 3、1、4、5、9、14、23、37、$\cdots$ を考え、これによって数 $0.3146067\cdots$ を作

る。この数の正体を連分数を使って見破れ。
(2) 2.345679… の正体を連分数を使って見破れ。
(3) $99^2 = 9801$ だが、$1 \div 9801$ を計算してみよ。かなりの桁まで計算しないと面白くないので、8桁の電卓ではなく、手計算か、あるいはコンピューターを使うこと。
(4) $99^3 = 970299$ だが、$10000 \div 970299$ を計算してみよ。これもかなりの桁数まで計算しないと面白くない。ちなみに、$1 = 1$、$1 + 2 = 3$、$1 + 2 + 3 = 6$、$1 + 2 + 3 + 4 = 10$、$1 + 2 + 3 + 4 + 5 = 15$、… である。このコメントの意味は、計算してみればわかる。
(5) (4)と同じ分母で、$10100 \div 970299$ を計算してみよ。
(6) フィボナッチ数列を、1000 を超えるまで計算せよ。

(解答は311ページ)

「数の正体を見破る」問題の類題として、「数列の正体を見破る」というものが考えられる。例えば、「1、2、4、7、11、16、22、29 ときたら、次の数は何か？」といったような問題だ。コラム4で説明するように、これは学校の定期試験や入試問題としては出題してはいけない問題だが、パズルとしては面白い（ちなみに、「1.41421356 という数の正体は何でしょう？」という問題も、試験で出してはいけない。コラム参照）。

本節の方法により、連分数を使って数列の正体を見破れることがある。例に挙げた 1、2、4、7、11、16、22、29 でやってみよう。数列の数字を並べて、それぞれの数に2桁分使って 0.0102040711162229 という数をつくり、連分数展開する。

$$0.0102040711162229 = \frac{1}{98.00010099989936\cdots}$$

CHAPTER 1 連分数を使った数当て（基本編）

$$= \cfrac{1}{98 + \cfrac{1}{9900.9999647\cdots}}$$

となるので、この最後の 9900.9999647 をおよそ 9901 だと思って正体を見破ると

$$\cfrac{1}{98 + \cfrac{1}{9901}} = \frac{9901}{970299} = 0.010204071116222937465666779\cdots$$

となる。そこでこの数列は 1、2、4、7、11、16、22、29、37、46、56、67、79、… と続くと予想できる。

この数列の正体は、それぞれひとつ手前の数との差を取ってみると順に

1、2、3、4、5、6、7、8、9、10、11、12、…

となっていることから推測できるであろう。ちなみに連分数近似を $\frac{1}{98}$ のところでやめてしまうと

$$\frac{1}{98} = 0.010204081632\cdots$$

という結果になる。これだと、1、2、4、8、16、32、… という公比 2 の等比数列が出てきてしまう。数列の正体を見破るために連分数を使う場合は、十分先の桁まで正確に計算することが必要で、8 桁の電卓ではちょっと苦しい。

結論

規則正しく数を並べた数列から数を作ると、面白い分数としてあらわされることがある。応用として、連分数を使って数列の正体を見破れることがある。

コラム4　入試や定期試験に出せない問題

　数列を途中まで並べて「次の数は何か？」とか、数を小数点以下何桁か並べて「この数は何でしょう？」というような問題がある。パズルとしては面白いので、つい試験に出したくなるが、よほど気をつけないと出題ミスになるので、注意が必要だ。

　例えば「1、2、3、4、5と数が並んでいる。次の数は何か？」答えは6に決まってる、と思うのが普通の感覚であろうが、記憶力のよい受験生がいて「そう言えば先月は5日まで毎日雨が降ったけど、そこで梅雨が明けて、次に雨が降ったのは11日の夕立だったなあ」と考えて「11」と答えた場合、それが間違いであるとする論理的根拠が何もないのだ。もしかしたら、その11日の夕立が記録的豪雨で皆の記憶に刻まれていて、逆に11の方が自然な答えだったりするかもしれない。「じゃあ、こうしましょう。きちんとした式であらわされた数列 $f(x)$ があって、$f(1)=1$, $f(2)=2$, $f(3)=3$, $f(4)=4$, $f(5)=5$ だったとします。では $f(6)$ はいくつでしょう？」

　数式ならば $f(x)=x$ しか答えがないだろう、と思うかもしれないが、それも甘い。

$$f(x)=x+(x-1)(x-2)(x-3)(x-4)(x-5)$$

という式を考えると、$x=1$、2、3、4、5の場合は $f(x)$ と x は等しいが、$f(6)=126$ となってしまう。数の列をいくつか並べても、いろいろ違った説明をつけることができるので、論理的にはその次の数が何になるかを決めることはできないのだ。

CHAPTER 1 連分数を使った数当て(基本編)

「数の正体」というのも同じことだ。「1.414213」と小数点以下6桁まで見せられて、「この数は何でしょう？」と出題されたとしよう。「一夜一夜に人見頃」を知っていれば「多分 1.41421356 と続くんでしょ、答えは $\sqrt{2}$」と答えたくなるが、「ざーんねん、これは $\frac{1393}{985} = 1.414213197\cdots$ でした」と「正解」が発表されるかもしれない。

$\sqrt{2}$ と答えたあなたは「$\sqrt{2}$ のどこが悪いんだ、説明してみろ！」と怒り狂うかもしれないが、逆に考えてみよう。$\sqrt{2}$ が正解で、$\frac{1393}{985}$ と答えた受験生が怒り狂っていた場合、出題者は受験生に納得のいく説明ができるだろうか？ $\sqrt{2}$ も $\frac{1393}{985}$ も、小数点以下7桁目を切り捨てれば 1.414213 になり、題意に合っている。実は小数点以下7桁目を四捨五入すると $\sqrt{2}$ は 1.414214 となるが $\frac{1393}{985}$ だと、小数点以下7桁目を四捨五入しても 1.414213 なので、$\frac{1393}{985}$ の方がよい答えかもしれないのだ。そんなことを言い出すと、「1.414213 の正体、それは $\frac{1414213}{1000000}$ です」という答えでもよさそうであり、$\sqrt{2}$ も $\frac{1393}{985}$ も $\frac{1414213}{1000000}$ も、全部ある意味では題意に合っているのだ。

そんなわけで、「この数列の、次の数は何か」「この数の正体は何か？」というタイプの問題は試験には出しにくい問題なのである。たとえ試験に出なくても、いや試験に出ないからこそ、このような問題は楽しい問題であり、うまく解ければ様々な応用がある、ということは、ここまで読んで下さった読者には納得していただけると思う。

7. グレゴリオ暦

2月は何日まであるか知っていますか？　そう、平年は28日で、**閏年**（うるうどし）は29日。では、どういう年が閏年でしょう？　正確な答えを知っている人は、案外少ないかもしれない。西暦でいって、4で割り切れない年は、平年。逆に4で割り切れる年は必ず閏年か、というと、そうとは限らない。100で割り切れて400で割り切れない年は、平年である。最近だと1900、1800、1700年、今後だと2100、2200、2300、2500、2600、2700、2900、… 年が平年だ。

遡（さかのぼ）って1500年をこのリストに入れなかったのは、このルール（**グレゴリオ暦**）が決まったのが1582年のことだから。それまでは、単純に4で割り切れたら閏年、それ以外は平年としていた（**ユリウス暦**）。西暦2000年は閏年であったが、それは単に2000が4の倍数だから、ということではなく、400年に一度、西暦1600年に続いて史上2度目の非常に珍しい閏年だったのである。

2012年の理科年表によれば、1年の長さ（太陽年）は365.24219日。ユリウス暦は、1年＝365.25日と近似する方法で、**ジュリアス・シーザー**（ラテン語読みで**ユリウス・カエサル**）により紀元前45年から実施されており、1年あたり0.00781日ずつずれるので、西暦1582年までには1582−(−44)＝1626年[1]で12.7日ずれた、という計算になる。ローマ教皇グレゴリオ13世はこれを是正するため（復活祭の日程を正しくするため）ま

---

[1] 紀元1年の前年は紀元前1年であり、紀元0年は存在しない。よって負の数を用いて紀元前の年号を扱うには、紀元前1年は紀元0年、紀元前2年は紀元−1年、そして紀元前45年は紀元−44年と考えて1626×0.00781＝12.7日と計算するのが正しいのである。

CHAPTER 1　連分数を使った数当て(基本編)

ず日付を 10 日すっとばし (10 月 4 日の翌日が 10 月 15 日とされた。13 日でなく 10 日しかすっとばさなかったのは、シーザーの時代でなく復活祭の日取りを定めたニケーア公会議の西暦 325 年に合わせるためである。$[1582-325] \times 0.00781 = 9.817$ なので約 10 日)、さらに「100 で割り切れて 400 で割り切れない年 (つまり 400 で割って余りが 100、200、あるいは 300 となる年) は平年とする」というルールをもうけた。これによって 400 年に 3 回閏年が減るので 1 年 $= 365.25 - \frac{3}{400} = 365.2425$ 日となる。これで誤差が 1 年あたり 0.00031 日となり、暦が天体の動きと 1 日ずれるのに 3000 年以上かかる、という実用上問題ない精度になった。

さて、連分数のテクニックを使えばもっとよい暦が作れるかどうかを調べてみよう。まず 1 年の日数 365.24219 を連分数に書き換えてみる。

$$1 \div 0.24219 = 4.1289896$$
$$1 \div 0.1289896 = 7.752563$$
$$1 \div 0.752563 = 1.3287924$$
$$1 \div 0.3287924 = 3.0414328$$

上のような計算により 365.24219 の連分数表示が

$$\begin{aligned}365.24219 &= 365 + \cfrac{1}{4.1289896\cdots} \\ &= 365 + \cfrac{1}{4 + \cfrac{1}{7.752563\cdots}} \\ &= 365 + \cfrac{1}{4 + \cfrac{1}{7 + \cfrac{1}{1 + \cfrac{1}{3.0414328\cdots}}}}\end{aligned}$$

というように得られる。この連分数を途中で打ち切ると、1年の日数を近似する分数が見つかることになる。まず最初の 4.1289896… をおよそ 4 とみなすと、1 年が $365\frac{1}{4}$ 日、つまり 4 年に一度を閏年の 366 日とすることになり、ユリウス暦となる。次の 7.752563… をおよそ 8 とみなすと

$$365 + \cfrac{1}{4 + \cfrac{1}{8}} = 365\frac{8}{33}$$

という分数があらわれる。これは 1079 年にセルジュク朝ペルシアの数学者(かつ詩人)**オマル・ハイヤーム**が作成したペルシア暦(ジャラリー暦)で使われた。33 年に 8 回閏年、という暦で(仕組みは複雑)、1 年を $365\frac{8}{33} = 365.242424…$ とみなすので、誤差が 1 年あたり 0.00024 日以下で、現行の西暦であるグレゴリオ暦よりも正確な暦が、グレゴリオ暦採用の 500 年以上も前から使われていたことになる。

ちなみに、オマル・ハイヤームが求めた 1 年の長さは 1 年 = 365.24219858156 日、1 年の長さを 1000 分の 1 秒単位で定める、ということにどれだけ意味があるのかよくわからないが、今の数字と見比べても小数点以下 5 桁目まで数字が合っていることに驚かされる。

もうワンステップ先に進んで、最後の 3.0414328… をおよそ 3 とみなすと

$$365 + \cfrac{1}{4 + \cfrac{1}{7 + \cfrac{1}{1 + \cfrac{1}{3}}}} = 365\frac{31}{128} = 365.2421875$$

となる。この暦を実現するには、ユリウス暦の 4 年に 1 回 = 128 年に 32 回の閏年を、128 年に 1 回だけ省略すればよい。そこで「4 で割り切れる年は閏年、ただし 128 で割り切

60

CHAPTER 1　連分数を使った数当て(基本編)

れる年は平年」というルールにすれば、1年あたりの誤差が0.0000025日、つまり40万年で1日ずれる、という超高精度の暦が簡単に作れてしまう。

「128で割り切れる」という条件がちょっと面倒くさそうだが、今や128メガバイトのメモリーカードなどがありふれている時代であり（$128 = 2^7 = 2 \times 2 \times 2 \times 2 \times 2 \times 2 \times 2$）、128を「キリのよい数字」と思う人も多いのではないだろうか？　ちなみに次に128で割り切れる年は、2048年である。

$$2048 = 2^{11} = 2 \times 2 \times 2 \times 2 \times 2 \times 2 \times 2 \times 2 \times 2 \times 2 \times 2$$

となり、2048も大変キリのよい年である。この「128年に31回の閏年」という仕組みは現在のイラン暦で採用されているらしい。ただ、「128で割り切れる年は平年」みたいな簡単なルールではなく、太陽の天球上の運行に従って精密に（よって、より非実用的に）仕組みが決められているようだ。

ことわっておくと、数学者として、「128で割り切れる年を平年にしよう」と提案しているわけではない。「1年が365.24219日」というのは今の観測データであって、1年の日数はだんだん減ってきているらしい。現在の観測データから推測するとわずか5万年後には1年が365.20日、つまり5年に1回閏年で十分、という時代がくるので、実は「40万年で1日しかずれない」というのはせいぜいここ100年程だけのことなのだ。だったら3000年に1日しかずれないグレゴリオ暦をあと何千年か使ってみて、それから考えても遅くはない。

> **結論**
>
> 連分数を使えば、今のグレゴリオ暦よりも精度の高い暦を作ることができる。

CHAPTER 2

無理数の正体を連分数で見破る

　数直線上にあらわれる数、あるいは（必要なら無限桁の）小数であらわされる数を実数という。実数のうち、$\frac{整数}{整数}$ という分数としてあらわされるような数、つまり有理数は、小数であらわすと循環小数としてあらわされるような数であり、その正体が連分数を使って見破れることを第1章で紹介した。

　では、有理数でない実数、つまり無理数の正体は連分数を使って見破れるのだろうか？　この章では、2次方程式を使って無理数を作る方法を紹介し、そうやって作った無理数の正体を連分数を使って見破る方法を調べていくことにしよう。イントロダクションで紹介した $\sqrt{2}$ や $\sqrt{3}$ の覚え歌を忘れてしまったとしても、連分数を使えば正体が見破れるようになる。

1.　無理数 $\sqrt{2}$

　無理数を見たことがない読者のために、例を紹介しておこう。

　一辺1の正方形の対角線の長さ L が無理数となる。図のように、一辺1の正方形 ABCD をとり、その対角線 AC を考え、AC を一辺とする正方形 ACEF を作る。

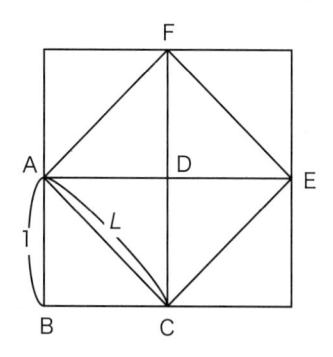

CHAPTER 2　無理数の正体を連分数で見破る

頂点 D で直角になる直角二等辺三角形（つまり △ADC、△CDE、△EDF、△FDA の4つ）はそれぞれ面積が $\frac{1}{2}$ なので、それらをあわせた正方形 ACEF の面積は $\frac{1}{2} \times 4 = 2$ である。正方形の面積は一辺の長さの2乗なので、$L^2 = 2$ となる（ピタゴラスの定理をご存じなら、$L^2 = AB^2 + BC^2 = 2$ と一発で同じ式を導ける）。2乗して2になるような正の数を $\sqrt{2}$ とあらわす。2乗して3になる正の数なら $\sqrt{3}$ で、2乗して4になる正の数は $\sqrt{4} = 2$ だ。ここでは $L = \sqrt{2}$ となる。

---記号---

A が正の数のとき、$\sqrt{A}$ という記号で、2乗して A になるような正の数をあらわし、**ルート A** とよぶ。

マイナス掛けるマイナスはプラスになるので、$-\sqrt{A}$ も2乗すると A になる。2乗すると A になる数は $\sqrt{A}$ と $-\sqrt{A}$ の2つあるので、この2つの数を、A の**平方根**とよぶ。

$\sqrt{2}$ が無理数であること、すなわち分母と分子が整数となるような分数としてはあらわせないことを証明しよう。

$\sqrt{2} = \dfrac{n}{m}$ というように整数 n、m（ただし $m \neq 0$）であらわすことができる、と仮定して議論を進めると、話がおかしくなってしまうことを確かめればよい。**背理法**、とよばれる論法である。

まず、分数 $\dfrac{n}{m}$ の分母・分子がともに偶数なら 2 で約分することができることに注意しよう。約分してもまだ分母・分子が偶数なら、2 で約分を続けていって、少なくとも分母と分子のうち一方が奇数になるまで約分を続けることができる。だから、もし $\sqrt{2}$ が分数で、$\sqrt{2} = \dfrac{n}{m}$ とあらわされるなら、$m \neq 0$ で、n と m のうち少なくとも一方は奇数となるような分数であらわすことができる。

さて、$\dfrac{n}{m} = \sqrt{2}$ なので、両辺を 2 乗して $\dfrac{n^2}{m^2} = (\sqrt{2})^2 = 2$、よって $n^2 = 2m^2$ となる。偶数の 2 乗は偶数、奇数の 2 乗は奇数になるが、$n^2 = 2m^2$ は偶数なので、n は偶数である。偶数 n の半分を k とすれば k も整数であり、$n = 2k$ とあらわされる。$n = 2k$ を 2 乗すると $n^2 = 4k^2$、これを $2m^2 = n^2$ に代入すると $2m^2 = 4k^2$、両辺を 2 で割って $m^2 = 2k^2$ となり、m も偶数になる。

最初に n と m の両方が偶数だったら 2 で割って、どちらか一方は奇数になるようにしたはずなのに、n も m も偶数になってしまい、矛盾する。よって「$L = \sqrt{2}$ が分数であらわせる」と仮定したことがそもそもおかしかったのだ、と結論するしかない。

教科書みたいにきちんと証明してしまったが、どうだろうか？ やっぱり、難しい？ そうでしょう、私もそう思う。20 世紀の前半に書かれた数学史の大家ヒースによる『ギリシア数学史』によれば、「無理量の存在の最初の発見は（中略）

CHAPTER 2　無理数の正体を連分数で見破る

正方形の 1 辺と対角線との関係についてなされたことは、たしかである。すなわち、最初に発見された無理量すなわち通約できない量は、こんにちの $\sqrt{2}$ と同値のものだった」（共立出版）とある。

その証明方法も、上記の証明とそれほど変わらない、とヒースは言うのだが、ほんとうか？　こんな難しい証明で無理数が発見されただなんて、無理がないか？　この問題については、第 3 章でもう一度考えてみることにしよう。なお、$\sqrt{2}$ が無理数であることの別の証明を本章の第 6 節（83 ページ）で説明するので、上の証明がよくわからなかった読者も気にせず先に読み進めて大丈夫だ。

結論

無理数の代表的な例として、$\sqrt{2}$ があげられる。

2．2 次方程式の解の公式

連分数を使って無理数の正体を見破るときに重要な役割を果たすのが、2 次方程式の解の公式である。この節では、「そもそも**方程式**とは何ぞや」という話から始めて、2 次方程式の解の公式を紹介することが目標である。

そもそも方程式とは何ぞや。方程式とは、なぞなぞである。数が持つ性質だけを見せて、それがどの数であるか推理せよ、という問いかけだ。だが、なぞなぞが好きな子供は多いのに、なぜか方程式が好きな子供や大人は少ないようだ。その理由を解明するために、次の問題を、算数と方程式という 2 通りの解き方で解いてみよう。

「太郎君が、家から12分のところにある池まで行って、池を5周まわって家に帰ってきたところ、54分かかったという。歩く速度は一定であるとして、太郎君は池を1周するのに何分かかったでしょう？」

まず、算数を使う。太郎君が池をまわっていた時間は $54-12\times 2=30$ 分、これが池を5周するのにかかった時間なので、1周するのにかかる時間は $30\div 5=6$。よって1周6分。

次に方程式を使う。1周するのに x 分かかるとすると

$$12+5x+12=54$$

という方程式になる。まず左辺を整理して

$$5x+24=54$$

両辺から24を引いて

$$5x=30$$

両辺を5で割って

$$x=6$$

よって求める時間は6分である。

やっている計算は同じでも、その計算をするときの気持ちがずいぶん違う。算数による解き方だと、各ステップで「何を計算しているか」という数の意味をはっきりさせなくてはならない。よって計算のひとつひとつに意味がつき、感情の色がつく。「なにゆゑかひとりで池を五周する人あり算数の入試問題に」（大松達知）という短歌があるが、算数の問題は、うかうかしていると短歌になってしまうほどイメージを

CHAPTER 2　無理数の正体を連分数で見破る

喚起してしまうのである。

　一方、方程式の方は意識して意味を切り捨てている。一旦式を立ててしまったら、あとは必勝法に従って粛々(しゅくしゅく)と式を変形していけば解けてしまう。何を計算しているか、その意味は全部式が覚えてくれているので、意味を考える必要はない。これが、「方程式は、無味乾燥」という感想を人々に抱かせてしまう理由であろう。

　方程式を使って問題を解くというのは、タクシーで住所を告げて目的地へ一直線に向かうようなものであり、算数を使って問題を解くというのは、景色と地図を見比べながら、目的地へ向かって一歩ずつ歩いていくようなものである。ゆっくり歩いた方が町の景色が印象に残って楽しいが、急いでいるときにはタクシーの方が便利だ。効率というだけではなく、第9章では方程式が主役に抜擢(ばってき)されて大活躍するので、お楽しみに。

　算数の問題が方程式で解ける場合、大抵は1次方程式に帰着(どうるいこう)される。同類項をまとめたり、移項したりして式を簡単にしていくと

$$ax = b$$

という形に変形できるのだ。そこで $a \neq 0$ で両辺を割って、$x = \dfrac{b}{a}$ と答えが求まる。1次方程式は本質的に割り算であり、途中の式の意味付けさえできれば方程式を使わなくても算数の加減乗除で解ける問題である。ところが、「求める数の2乗」が出てくると、加減乗除だけでは解けない、本質的に算数よりも難しい問題、すなわち**2次方程式**になる。同類項をまとめたり移項したりすることで、定数 A、B、C により

67

$$Ax^2+Bx+C=0$$

という形に整理することができる。

本当はここで2次方程式の解の公式がどうやって得られるのか、じっくり説明したいところだが、「2次方程式の解の公式なんて、知ってらぁ」という読者も多いだろうし、たとえ知らなくても、「そんなことより、連分数を使ってどうやって無理数の正体を見破るのか、その方法を早く知りたい」という読者もいるに違いない。公式の求め方は付録3(288ページ)にまわすことにして、ここは解の公式の紹介だけにとどめることにしよう。

2次方程式の解の公式

$a \neq 0$ として、$ax^2+bx+c=0$ という形の2次方程式の解は

$$x = \frac{-b \pm \sqrt{b^2-4ac}}{2a}$$

という公式で与えられる。

この公式の説明は、付録3をご覧いただきたい。使い方の説明だけ例を使って紹介しておこう。「2乗すると、元の数より2だけ増える数、なーんだ?」というなぞなぞを、解いてみる。求めたい数を x とおくと、x^2 が $x+2$ に等しい、というのが条件だ。つまり $x^2 = x+2$ である。移項して

$$x^2 - x - 2 = 0$$

となるので、$a=1$、$b=-1$、$c=-2$ として解の公式に代入すると

CHAPTER 2 無理数の正体を連分数で見破る

$$x = \frac{-(-1) \pm \sqrt{(-1)^2 - 4 \times (1 \times (-2))}}{2 \times 1}$$
$$= \frac{1 \pm \sqrt{9}}{2}$$
$$= \frac{1 \pm 3}{2}$$

よって $x = \frac{1+3}{2} = 2$ と $x = \frac{1-3}{2} = -1$ の2つが条件を満たす。実際、$2^2 = 4$ は $2+2$ に等しいので、2は2乗すると2だけ増えるし、また $(-1)^2 = 1$ も $-1+2$ に等しいので、-1 も2乗すると2だけ増える。

え? 「結局なぞなぞの答えは、-1 なのか、2 なのか、一体どっちなんだ」って? どちらも答えだ。というか、両方あわせないと正解でない。2乗すると元の数より2だけ増える数は、2 と -1 の2つ、そしてその2つしかない。なぞなぞの条件からは、これ以上しぼることはできないのだ。

練習問題5

(1) 解の公式を用いて、次の2次方程式を解け。
  (i) $x^2 - 6x + 8 = 0$
  (ii) $x^2 - 2x - 1 = 0$

(2) 2乗すると元の数より6だけ増える数は何か?

(解答は312ページ)

もうひとつ、重要な公式をここで紹介しておこう。普通は特に名前は付いていないようだが、本書では次の節などで絶大な威力を発揮するので「鍵の公式」と名前を付けておくことにする。

> **鍵の公式**
> $$S^2 - T^2 = (S+T)(S-T)$$

「分配則」を使って、証明しよう。**分配則**とは

$$(A \times B) + (A \times C) = A \times (B+C)$$

つまり B と C にばらばらに A を掛け算してから足しても、先に B と C を足してから、それに A を掛けても同じ結果になる、という法則だ。1個150円のりんごをまず5個買って $150 \times 5 = 750$ 円払い、あとで3個買って $150 \times 3 = 450$ 円払っても（よって合計 $750 + 450 = 1200$ 円）、$5+3=8$ 個分をまとめて $150 \times 8 = 1200$ 円支払っても、支払いは同じ金額になる（同じ買い物をしているのだから、割引とかがなければ当然そうなるべきである）というのを法則化したものだ。分配則は引き算にも通用する（りんご8個買ってから3個返品したときに支払う金額は、最初から5個買ったときと同じである、という状況を考えればよい）。つまり

$$(A \times B) - (A \times C) = A \times (B-C)$$

も成り立つことに注意して

$$\begin{aligned}
(S+T)(S-T) &= (S+T) \times S - (S+T) \times T \\
&= (S \times S + T \times S) - (S \times T + T \times T) \\
&= S^2 + TS - ST - T^2 \\
&= S^2 - T^2
\end{aligned}$$

と、鍵の公式の右辺をばらばらにすれば左辺に等しくなる。
次の問題をやってみればわかる通り、うまく使えば大変便

CHAPTER 2 無理数の正体を連分数で見破る

利な公式である。

|練習問題6|

次の計算を暗算で行え（制限時間はそれぞれ 10 秒）。
(1) 99×101
(2) 998×1002
(3) 301×299

（解答は 312 ページ）

|結論|
> 2 次方程式は解の公式を用いて解くことができる。
> また、$(S+T)(S-T) = S^2 - T^2$ という鍵の公式がある。

3．分母の有理化

$\sqrt{2} = 1.41421356$ は使ってよいことにして、$1+\sqrt{2} = 2.41421356$ の逆数を小数点以下 8 桁まで計算できますか？暗算で、10 秒以内にお願いします、はい 10、9、… え？ 無理？ 仕方ない、では電卓を使ってもよいことにしましょう。$1 \div 2.41421356$ を計算してみると、あれれ

$$1 \div 2.41421356 = 0.41421356$$

見たことがある数字の並びになる。どうやら $\dfrac{1}{1+\sqrt{2}} = \sqrt{2}-1$ になりそうだ。答えの見当がついたら、チェックするのは簡単だ。$(\sqrt{2}+1)$ と $(\sqrt{2}-1)$ を掛けて 1 になることを確かめればよい。前の節で出てきた「鍵の公式」がここで使える。$S=\sqrt{2}$、$T=1$ とすれば、$(S+T)(S-T)=S^2-T^2$ は

$$(\sqrt{2}+1)(\sqrt{2}-1) = \left(\sqrt{2}\right)^2 - 1^2 = 2-1 = 1$$

となり、$(\sqrt{2}+1)$ と $(\sqrt{2}-1)$ は互いに逆数になることが確かめられた。

では次の問題に行ってみよう。やはり $\sqrt{2}=1.41421356$ は使ってよいことにして、$2-\sqrt{2}=0.58578644$ の逆数は？ 小数点以下8桁まで暗算で、制限時間は1分。

何が出てくるかよくわからないが、とりあえず鍵の公式を使ってみよう。$S=2$、$T=\sqrt{2}$ とすると

$$(2-\sqrt{2})(2+\sqrt{2})=2^2-(\sqrt{2})^2=4-2=2$$

掛け算して2になってしまうので、$2+\sqrt{2}$ は $2-\sqrt{2}$ の逆数ではないが、さらに半分にして $\dfrac{2+\sqrt{2}}{2}$ を考えれば、これが逆数だ。つまり

$$\frac{1}{2-\sqrt{2}}=\frac{2+\sqrt{2}}{2}=1+\frac{\sqrt{2}}{2}$$

と求まる。1.41421356の半分を一生懸命暗算し、1を加えて、1.70710678と答えればよい。

「1分で答えよ」なんて条件がつかなくても、分母に $\sqrt{2}$ とか $\sqrt{3}$ とかが入っていると、値を計算したいときには大変不便だ。鍵の公式 $S^2-T^2=(S+T)(S-T)$ を使って分母だけでも簡単にしておく、というテクニックがよく用いられ、**分母の有理化**とよばれる。実際の計算は、次のようにするのが便利だ。

$\sqrt{2}+1$ の逆数の求め方：

$$\frac{1}{\sqrt{2}+1}=\frac{(\sqrt{2}-1)}{(\sqrt{2}+1)(\sqrt{2}-1)} \quad \text{(分母・分子に $(\sqrt{2}-1)$ を掛けた)}$$
$$=\frac{\sqrt{2}-1}{(\sqrt{2})^2-1^2} \quad \text{(分母に対して鍵の公式を使った)}$$

CHAPTER 2 無理数の正体を連分数で見破る

$$= \frac{\sqrt{2}-1}{1} = \sqrt{2}-1$$

$2+\sqrt{2}$ の逆数の求め方：

$$\frac{1}{2+\sqrt{2}} = \frac{(2-\sqrt{2})}{(2+\sqrt{2})(2-\sqrt{2})} \quad (分母・分子に (2-\sqrt{2}) を掛けた)$$

$$= \frac{2-\sqrt{2}}{2^2 - (\sqrt{2})^2} \quad (分母に対して鍵の公式を使った)$$

$$= \frac{2-\sqrt{2}}{2} = 1 - \frac{\sqrt{2}}{2}$$

要するに、分母に掛けると鍵の公式が使えてうまく簡単にできるような数を見つけてきて、それを分母と分子に掛けるわけだ。いくつか類題をやって慣れておくとよい。分母の有理化は、この章の後の方で強力な道具として使われる。

練習問題7

(1) $\dfrac{1}{\sqrt{6}-2}$ を、分母の有理化を用いて簡単にせよ。

(2) $2\sqrt{2}+3$ の逆数を、分母の有理化を用いて簡単にせよ。

(3) $\dfrac{1+\sqrt{3}}{3\sqrt{3}-5}$ を、分母の有理化を用いて簡単にせよ。

(4) $\sqrt{3}-\sqrt{2}$ の逆数を、分母の有理化を用いて簡単にせよ。

(解答は312ページ)

結論

ルートが含まれた分数を扱う場合、鍵の公式を使うことで、分母にルートが入らないように分数を書き換えられることがある。そのような式変形を、分母の有理化とよぶ。

4. 連分数を使った数当て（無理数編）

まず何でもよいから、正の数を電卓に入力する。そして次に、「1 を加えて、平方根を取る」という操作を繰り返し行う。つまり「$+$、1、$=$、$\sqrt{}$」というキー操作を何度も何度も行う。どうだろう、だんだん一定の数に近づいていって、ついには何度やっても表示が変わらなくならないだろうか？ その行き着く先は、1.618034 くらいの数になっているはずだ。この数の正体を、連分数を使って見破ってみよう。

1.618034 の小数部分は 0.618034、その逆数を計算してみると、1.618034 ぐらいの数になる。その小数部分 0.618034 を取り出して逆数を取ると 1.618034 だ。「おや、何だか見たことのある数字だな？」と気付かれたであろうか？ そう、何度やっても、同じ数字の並びのまま、変化しないのだ。

$$\frac{1}{0.618034} = 1.618034\cdots$$

小数部分の逆数を取ると、元の数に戻ってしまう。

電卓によっては、最後の 1 桁 2 桁は多少変化するかもしれないが、その場合でもほぼ同じ数字の並びが続くはずである。実はこの数字は、何度小数部分を取って逆数を取っても、全く変化しない、そういう数なのだ。第 1 章でやったように連分数の形で書いてみると、（誤差がないとすれば）永久に同じ計算が続くので

CHAPTER 2　無理数の正体を連分数で見破る

$$1.618034\cdots = 1+\cfrac{1}{1+\cfrac{1}{1+\cfrac{1}{1+\cfrac{1}{1+\cfrac{1}{1+\cfrac{1}{1+\cdots}}}}}}$$

となる。つまり手順1に従って割り切れるまで計算を続けようとすると、いつまで経っても計算が終わらないのだ。では、この数の正体は連分数では見破れないのだろうか？　いや、そんなことはない。それどころか、もうここまでわかれば、数の正体を見破ったも同然だ。なにしろ、$x=1.618034$ とおくと、x の小数部分 0.618034 は $x-1$ とあらわすことができるが、その逆数 $\dfrac{1}{x-1}$ が x に等しくなる、というのだ。つまり

$$x = \frac{1}{x-1}$$

という式が成り立つのである。両辺に $x-1$ を掛けて

$$x(x-1) = 1$$

整理して

$$x^2 - x - 1 = 0$$

という2次方程式が得られる。2次方程式の解の公式により

$$x = \frac{1\pm\sqrt{1+4}}{2} = \frac{1\pm\sqrt{5}}{2}$$

となる。$x=1.618034$ は正の数なので、複号 $\pm$ のうちマイナスの方は不適で、我々の数は $x=\dfrac{1+\sqrt{5}}{2}$ であることが

わかる。$\sqrt{5} = 2.2360679\cdots$ だったので、$\dfrac{1+2.2360679\cdots}{2} = 1.6180339\cdots$ となり、連分数によって求めた x の正体が、計算と合っていることがわかる。この数 $1.6180339\cdots = \dfrac{1+\sqrt{5}}{2}$ は**黄金比**とよばれる数で、第3章で紹介するように、紀元前の古代ギリシア文明で既にこの黄金比が正五角形の一辺と対角線との比に等しいことが知られていた。また、第7章では黄金比の面白い性質が明らかにされる。

今すぐにわかる、黄金比の面白い（そして奥深い）性質を指摘しておこう。

定理1

黄金比は無理数である。

証明) 黄金比の連分数を計算すると、同じ小数部分が繰り返して、決して0にならないことがわかった。しかし、第1章第5節で確かめた通り、有理数の連分数を計算すると、必ずいつかは小数部分の逆数が割り切れて整数になり、連分数を求める計算が終わる。よって黄金比は有理数ではない、つまり無理数である。（証明終わり）

この章の最初の $\sqrt{2}$ が無理数であることの証明と比べて、ものすごく短いことに驚いてほしい。しかも、その証明の本質は、連分数の計算だけなのだ。連分数を使うことによって、黄金比 $1.6180339887\cdots$ が $\dfrac{1+\sqrt{5}}{2}$ とあらわされる、ということが見破れるだけでなく、「決して $\dfrac{整数}{整数}$ という形の分数としてはあらわせない」という深い性質までも見破ることができた。これぞ連分数の底力であろう。

CHAPTER 2　無理数の正体を連分数で見破る

　有理数の連分数を計算していくと、必ずどこかで計算が終わる、つまり**有限連分数**であらわされる、ということがわかったが、逆に有限連分数であらわされるような数は有理数である。なぜなら、有限連分数であらわされる数は、第1章の手順3によって計算していくと、$\frac{整数}{整数}$ という形に書き換えることができるからである。有理数とは、小数表示だと循環小数であらわされる数のことであったが、連分数表示の言葉でいえば、有限連分数であらわされる数に他ならない。

　ちなみに、元々の 1.618034 という数の作り方は、電卓で「1を足してルートを取る」という操作を繰り返したのだった。これを式であらわすならば

$$1.618034\cdots = \sqrt{1+\sqrt{1+\sqrt{1+\sqrt{1+\sqrt{1+\cdots}}}}}$$

というように無限平方根であらわされる。連分数を使って数の正体を見破る話をしているので、連分数で計算したわけだが、この無限平方根の形からも 1.618034… という数の正体を見破ることができる。

$$x = \sqrt{1+\sqrt{1+\sqrt{1+\sqrt{\cdots}}}}$$

とおくと、x 自身のコピーが x の表現の中に入っている。つまり

$$\begin{aligned}x &= \sqrt{1+\sqrt{1+\sqrt{1+\sqrt{1+\cdots}}}} \\ &= \sqrt{1+\left(\sqrt{1+\sqrt{1+\sqrt{1+\cdots}}}\right)} \\ &= \sqrt{1+x}\end{aligned}$$

により $x=\sqrt{1+x}$ とみなすことができるので、両辺を2乗して $x^2=x+1$、ここから2次方程式 $x^2-x-1=0$ を導くことができ、あとはさっきと同じように x の正体を見破ることができる。あるいはこんな無限平方根なんていかがわしい式に頼らなくても、元々 1.618034 という数は、「1を足して平方根を取っても値が変わらない数」ということで見つけたので、それを直接式で書くと $x=\sqrt{1+x}$ となり、やはり同じ2次方程式を導くことができる。

5. 1.414213562 の正体を見破る

ここまで読んできた読者は、1.414213562 と聞けばすぐに、「一夜一夜に人見頃に、これは $\sqrt{2}$ ですね」とその正体を見破れるはずだ。でも、それは知らないことにして、連分数で正体を見破れるかどうか、試してみることにしよう。これができれば、一夜一夜の覚え歌を忘れてしまっても大丈夫だ。

まず、1.414213562 を整数部分1と小数部分 0.414213562 とにわけ、小数部分の逆数を取る。私の電卓では $1 \div 0.4142135 = 2.4142139$ となったので

$$1.4142135 = 1 + \frac{1}{2.4142139}$$

というわけだ。新しい分母 2.4142139 の小数点以下の数字の並びを見ると、最後の誤差らしいところを除いて元の一夜一夜に人見頃、1.41421356 と同じ数字が並んでいることがわかる。そこで、これが同じだろうと予想して、1.41421356 の正体を見破ろう。見破りたい数を x とおくのが便利だ。つまり $x=1.41421356$ とおく。連分数にあらわれた分母 2.4142139 は、x と小数部分は同じだが、整数部分が異なる。つまり、$2.414213\cdots = x+1$ であると考えられる。そこで x について

CHAPTER 2　無理数の正体を連分数で見破る

コラム5　どの長方形が美しい？

ここで初登場した**黄金比**だが、実は本書の名脇役として今後何度も活躍することになる。数学の一般書でもよく取り上げられるので名前を聞いたことがある読者も多いと思うが、迷信と実話とがごちゃまぜに書いてある本が多いので、だまされないように注意することが必要だ。

　有名な迷信は、「縦横の比が1：黄金比、となるような長方形が最も美しい」というもので、古代ギリシアのパルテノン神殿がこの比で建てられたのがその後の建築のお手本になったという。本当か？　パルテノン神殿の設計に黄金比が使われたという証拠はないし、そもそも黄金比という言葉が初めて使われたのは19世紀のドイツだ。古代ギリシアでは「中外比」という味も素っ気もない名前でよばれていたのである。

　本当に黄金比の長方形が一番美しいのかどうか、実験してみよう。前ページの長方形のうち、どれが一番美しいと感じられるだろうか？　あるいは自分で「最も美しい」と思う長方形を描き、その縦横を測って比を計算してみるのも面白いだろう（「正解」は318ページに）。「黄金比の長方形を探せ」という問題ではなく、どの長方形を美しく感じるか、という問題であることに注意してほしい。そう言っているのに、授業でやると「やったあ、僕が描いた長方形が一番黄金比に近いぞ！」と喜ぶ学生が必ず出てくるが、固定観念にとらわれている感じがして、私はそういうのはあまり好きではない。もちろん黄金比に近い長方形を描いた学生にボーナス点を出したりはしない。

CHAPTER 2 無理数の正体を連分数で見破る

「美しい長方形といえば、何といっても正方形でしょう」とか「3人掛けでも座れるように、1:3の縦横比のテーブルが欲しいの」とかいう人が出てくる社会の方が風通しがよいように思う。国旗は、日本を含む多くの国で縦横比が2:3で、その次に多いのがイギリスなどの1:2である。国旗の縦横比を黄金比とする国はひとつもなかった。

私は、黄金比の連分数表示は数学的に美しいと感じるが、図形の美しさで比べるならばどの長方形も目立って美しいなんてことはないと思う。そもそも人間の視覚は意外に雑にできているので、黄金比 $1.618\cdots$ と $\frac{13}{8} = 1.625$ を区別できるほど正確には見えていないんじゃないか。

黄金分割を基礎にした建築、モジュロールを提唱した建築家、**ル・コルビュジエ**が、その理論の正当化のために作図を行い、その作図の正しさの確認を数学者に依頼したことがある。私にはその作図がなぜモジュロールの正当化になっているのかさっぱりわからなかった。それはさておき、依頼を受けた数学者は「この『正方形』とされている四角形は縦横の比が 1.006 で、正方形になっていません」と返事した。コルビュジエはその手書きの手紙をそのまま著書に掲載し、「日常の操作では1000分の6という値は切り捨ててもよく、勘定に入ってこない。目には見えない」として自分の理論が正当化されたことにしてしまった。プロの建築家の眼ですら、それ程までにいい加減なのである。

の式

$$x = 1 + \frac{1}{x+1} = \frac{x+1}{x+1} + \frac{1}{x+1} = \frac{(x+1)+1}{x+1} = \frac{x+2}{x+1}$$

が得られた。両辺に $x+1$ を掛けると

$$x(x+1) = x+2$$

左辺を展開して

$$x^2 + x = x + 2$$

両辺から x を引いて

$$x^2 = 2$$

となり、2次方程式の解の公式を使うまでもなく、x を2乗したものが2になる、とわかったので、$x = \pm\sqrt{2}$（もちろんそのプラスの方）と正体が見破れた。

このような数の正体を連分数を使って見破る手順をまとめると、次のようになる。

(1) 求めたい数をとにかく x とおく。
(2) 連分数を計算して、新しい分母の小数点以下が同じような数の並びにならないか、調べてみる。
(3) 小数点以下が同じ数の並びならば、それは整数部分だけ違う、ということなので、その整数部分の差を n として、連分数の分母を $x+n$（または $x-n$）とあらわし、連分数の式に代入して x についての式を作る。
(4) 分母を払って x についての方程式にまとめると、2次方程式になっているので、それを解けばよい。

CHAPTER 2 無理数の正体を連分数で見破る

> **結論**
>
> 　正体を見破りたい数が無理数で、したがって連分数が有限回で終わらないときでも、小数部分の逆数の数の並びが元と同じになったりして連分数のパターンがわかる場合には、連分数によって数の正体を見破ることができる。

練習問題8

(1) $1.236067977\cdots$ の正体を見破れ。

(2) $0.30277563773\cdots$ の正体を見破れ。

(3) $1.1925824\cdots$ の正体を見破れ。

(4) $4.1231056256\cdots$ の正体を見破れ。

（解答は 312 ページ）

6. $\sqrt{2}$、$\sqrt{3}$ の連分数展開

　1.41421356 の正体を、連分数展開によって見破ることができた。何が起こっているのか、厳密に計算して調べてみることにしよう。

　$\sqrt{2} = 1.41421356\cdots$ なので、$\sqrt{2}$ の整数部分は 1、小数部分は $\sqrt{2} - 1$ である。その小数部分の逆数を「分母の有理化」を使って計算してみよう。$\dfrac{1}{\sqrt{2}-1}$ の分母・分子に $\sqrt{2}+1$ を掛けると

$$\frac{1}{\sqrt{2}-1} = \frac{\sqrt{2}+1}{(\sqrt{2}-1)(\sqrt{2}+1)} = \sqrt{2}+1 = 2.41421356\cdots$$

となる。そういえば、$(\sqrt{2}+1)$ と $(\sqrt{2}-1)$ が互いに逆数だ、と分母の有理化のところ（71 ページ）で既に調べていたな、と覚えている読者もいるかもしれない。電卓に頼らなく

ても、$\sqrt{2}$ の小数部分の逆数が $\sqrt{2}+1$ に等しくなることが厳密に確かめられたわけだ。

さて、連分数の計算の続きはどうなるだろうか？

$\sqrt{2}+1 = 2.41421356\cdots$ の整数部分は 2、よって小数部分は $(\sqrt{2}+1)-2 = \sqrt{2}-1 = 0.41421356\cdots$ で変化しない。よってこの小数部分の逆数は再び $\sqrt{2}+1$ となる。その $\sqrt{2}+1$ の小数部分の逆数は、再び $\sqrt{2}+1$ となる。つまり同じ計算が永遠に続くことになり、$\sqrt{2}$ の連分数展開は

$$\begin{aligned}\sqrt{2} &= 1 + \cfrac{1}{\sqrt{2}+1} \\ &= 1 + \cfrac{1}{2 + \cfrac{1}{\sqrt{2}+1}} \\ &= 1 + \cfrac{1}{2 + \cfrac{1}{2 + \cfrac{1}{\sqrt{2}+1}}} \\ &= \cdots \\ &= 1 + \cfrac{1}{2 + \cfrac{1}{2 + \cfrac{1}{2 + \cfrac{1}{2 + \cfrac{1}{2 + \ddots}}}}}\end{aligned}$$

と、2 が無限に続く連分数となる。

$\sqrt{2}$ の連分数が無限に続くことがわかったので、定理 1 の黄金比の場合と同様に、$\sqrt{2}$ が無理数であることも証明できたことになる。本章第 1 節で $\sqrt{2}$ が無理数であることを証明したときには背理法を持ち出して気合いを入れて論理的な議論を行ったが、それと比べると連分数を用いた証明は、計算をするだけで無理数だという証明ができてしまうから面白い。

CHAPTER 2 無理数の正体を連分数で見破る

次に、$\sqrt{3}=1.7320508$（人並みにおごれや）の正体を知らないとして、連分数を使って正体を見破れるかどうかを調べてみよう。1.7320508 の整数部分は 1、小数部分は 0.7320508 なので、その逆数を取ると 1.3660254 だ。元と全然違う数字の並びになるので、連分数では正体が見破れない？　いや、ここはくじけずに計算を続けてみよう。1.3660254 の整数部分は 1、小数部分は 0.3660254 となる。小数部分の逆数を計算すると 2.7320508、この小数点以下の数の並びは見たことがある、（ひと）並みにおごれや、だ。1 回やって駄目でも計算を続けることで正体が見破れる場合があるのである。この場合も、求めたい 1.7320508 を x とおくと、連分数が次のように計算されたことになる。

$$\begin{aligned}x &= 1.7320508 \\ &= 1+\cfrac{1}{1.3660254} \\ &= 1+\cfrac{1}{1+\cfrac{1}{2.7320508}} \\ &= 1+\cfrac{1}{1+\cfrac{1}{x+1}}\end{aligned}$$

これで x に関する式

$$x = 1+\cfrac{1}{1+\cfrac{1}{x+1}} = 1+\cfrac{x+1}{(x+1)+1} = \frac{(x+2)+(x+1)}{x+2} = \frac{2x+3}{x+2}$$

が得られたので、両辺に $x+2$ を掛けて $x(x+2)=2x+3$、整理すると $x^2=3$、これから x が $\sqrt{3}$ であることを見破ることができる。

途中であらわれた 1.3660254 は一体何だったのだろうか？　分母の有理化を使って、この数を正確に求めることができる

ので、やってみよう。$\sqrt{3}$ の小数部分の逆数、つまり $\dfrac{1}{\sqrt{3}-1}$ の分母・分子に $\sqrt{3}+1$ を掛けると

$$1.3660254\cdots = \frac{1}{\sqrt{3}-1}$$
$$= \frac{\sqrt{3}+1}{(\sqrt{3}-1)(\sqrt{3}+1)}$$
$$= \frac{\sqrt{3}+1}{2}$$

と計算できた。実際、$\sqrt{3}+1=2.7320508$、これを半分にすれば 1.3660254 でぴったりだ。

では、その次はどのようにうまくいったのか？

$$\frac{\sqrt{3}+1}{2} = 1.366\cdots$$

の整数部分は 1 なので、小数部分は

$$0.366\cdots = \frac{\sqrt{3}+1}{2} - 1 = \frac{\sqrt{3}-1}{2}$$

その逆数を計算すると

$$\frac{1}{0.3660254\cdots} = \frac{2}{\sqrt{3}-1}$$
$$= \frac{2(\sqrt{3}+1)}{(\sqrt{3}-1)(\sqrt{3}+1)}$$
$$= \frac{2(\sqrt{3}+1)}{2}$$
$$= \sqrt{3}+1$$

となり、確かに元の $\sqrt{3}$ よりもぴったり 1 だけ値が大きくなっていることがわかる。

　以上の計算を用いて、$\sqrt{3}$ の連分数を計算することができる。

CHAPTER 2　無理数の正体を連分数で見破る

$$\sqrt{3} = 1 + \cfrac{1}{(\sqrt{3}+1)/2}$$
$$= 1 + \cfrac{1}{1 + \cfrac{1}{\sqrt{3}+1}}$$
$$= 1 + \cfrac{1}{1 + \cfrac{1}{2 + \cfrac{1}{(\sqrt{3}+1)/2}}}$$
$$= 1 + \cfrac{1}{1 + \cfrac{1}{2 + \cfrac{1}{1 + \cfrac{1}{\sqrt{3}+1}}}}$$
$$= \cdots$$
$$= 1 + \cfrac{1}{1 + \cfrac{1}{2 + \cfrac{1}{1 + \cfrac{1}{2 + \cfrac{1}{1 + \cfrac{1}{2 + \cfrac{1}{1 + \cdots}}}}}}}$$

このように、最初の1を除いて1、2、1、2、1、2、… と1と2が交互に無限に続くのである。定理1の証明と同じ論法を使えば、これによって $\sqrt{3}$ も無理数になることが証明できたことになる。

定義4

連分数を計算するうちに、途中で小数部分が全く同じになるものがあらわれて、同じ数字の並びを繰り返すものを、**循環連分数**とよぶ。

コラム6　循環連分数によって見破れる数

循環連分数によって黄金比 $\frac{1}{2}+\frac{1}{2}\sqrt{5}$、$\sqrt{2}$、$\sqrt{3}$ などの数の正体を見破ってきた。どの数も

$$(有理数)+(有理数)\times\sqrt{整数}$$

という形であらわされる。例えば $\sqrt{2}=0+1\times\sqrt{2}$ と書ける。このような数の特徴は、有理数係数の2次方程式の解になる、ということだ。

循環連分数による数の正体の見破り方からして、もし数の正体が循環連分数によって見破れるならば、その数は有理数係数の2次方程式の解として見破られることがわかる。実際、求めたい数を x として、x の連分数が循環連分数になった場合、その条件を整理すると

$$x=\frac{(x の1次式)}{(x の1次式)}$$

という形になり、しかも分数の上下にあらわれる x の係数は全て整数となる。そこで両辺に分母を掛け算すると、x の2次方程式が出てくる。そして、整数係数の2次方程式の解は、解の公式により、かならず (有理数)+(有理数)$\times\sqrt{整数}$ という形に書けるのである。

逆に、有理数係数の2次方程式の解になるような無理数（つまり (有理数)+(有理数)$\times\sqrt{整数}$ という形にあらわされる、有理数でない数）の連分数展開が必ず循環連分数になることを、18世紀の後半に活躍した数学者**ラグランジュ**（1736-1813）が証明している。

有理数係数の2次方程式の解となるような無理数のこ

とを、**2次の無理数**とよぶ。その言葉を使うと、次のように表にまとめることができる。

	小数表示	連分数表示
有理数	循環小数	有限連分数
2次の無理数	繰り返しなく無限に続く小数	循環連分数
2次でない無理数	繰り返しなく無限に続く小数	循環しない連分数

　連分数を使えば、有限で終わるか、循環するか、それとも循環もせず無限に続くか、を調べることによって、有理数か、2次の無理数か、それとも2次でない（よって、より複雑な）無理数であるかを判別できるのである。

黄金比 $\frac{1+\sqrt{5}}{2}$ は最初から同じ数字の並び（つまり 1）が繰り返すので、循環連分数である。このように、最初から循環節に入っている連分数を、**純循環連分数**とよぶ。$\sqrt{2}$ や $\sqrt{3}$ も、最初の整数部分を除いて同じ数字の並び（$\sqrt{2}$ の場合は 2、$\sqrt{3}$ の場合は 1、2）が繰り返すので、これらも循環連分数である。$\sqrt{2}$、$\sqrt{3}$ の連分数は一番最初の整数部分が循環節に入っていないので、純循環連分数ではない。

結論

数の連分数を計算していって、循環連分数になることを見抜けば、それを利用して数の正体を見破ることができる。循環連分数になる数は全て無理数である。

練習問題9
(1) $\sqrt{5}$ の連分数展開を求めよ。
(2) $2\sqrt{2}$ の連分数展開を求めよ。
(3) 2.44948974 の正体を見破れ。
(4) 3.242640687 の正体を見破れ。

（解答は 314 ページ）

(4)は、イントロダクションで出てきた数である。

CHAPTER 3

ユークリッドの互除法と無理数の発見

　連分数が数学史の表舞台で華々しく活躍するのは17世紀だ。初めて連分数が文献にあらわれるのもルネッサンス期のことである。しかし紀元前の古代ギリシアで既に、連分数は分数を使わない姿形で大活躍をしていたのだ。現在「ユークリッドの互除法」とよばれる古代ギリシアの計算テクニックが、よく見ると連分数の計算そのものなのである。この章ではまずユークリッドの互除法の計算方法を調べることにしよう。

　無理数の発見は古代ギリシアが誇る大きな成果である。ギリシア数学史の大家ヒースによる「無理数の発見は背理法によるものである」という説が定説となっていたが、それに異議を唱えたのがドイツの哲学者フォン・フリッツだ。第2章で「連分数を使えば無理数の証明が簡単にできる」という現象を紹介したが、もしかしたら古代ギリシアでもユークリッドの互除法を使って無理数を発見したのではないか。その議論で重要な役割を果たすのが、正五角形だ。これも古代ギリシアが誇る大発見、正五角形の作図方法を鑑賞してから、フォン・フリッツの仮説を紹介するのがこの章の目標である。

1. 最大公約数の計算とユークリッドの互除法

　約数とは、その数を割ったときに余りなしにきっちり割り切れるような数のことである。例えば12の約数を求めてみ

CHAPTER 3　ユークリッドの互除法と無理数の発見

ると

$$\{1, 2, 3, 4, 6, 12\} \text{ の 6 つ}$$

である。また、18 の約数は

$$\{1, 2, 3, 6, 9, 18\} \text{ の 6 つ}$$

となる。この両方を比べてみると

12 と 18 の共通の約数は $\{1, 2, 3, 6\}$ の 4 つ

があることがわかる。このような共通の約数を、**公約数**とよび、公約数のうちで最大のものを、**最大公約数**とよぶ。12 と 18 の公約数は 1、2、3、6 という 4 つの数で、最大公約数は 6、というわけだ。共通の約数は全て公約数とよぶので、一般にはいくつかの数が公約数になる。その中で最大のものが最大公約数だが、約数の約数は約数になるので、最大公約数の約数は全て公約数である。逆に公約数が常に最大公約数の約数になっていることも後で確かめる。公約数の集合を調べるには、最大公約数というただ 1 つの数さえ調べればわかる、というわけだ。

約数を全部列挙したりせずに最大公約数を求めるひとつの方法として、素因数分解がある。2 や 3 のように、1 とその数以外に約数を持たない自然数のことを**素数**とよぶが（ただし、1 は素数ではないとする）、全ての自然数は素数の積としてただ 1 通りにあらわされ、そのような積表示を**素因数分解**とよぶ。例えば

$$12 = 2 \times 2 \times 3 = 2^2 \cdot 3$$
$$18 = 2 \times 3 \times 3 = 2 \cdot 3^2$$

が 12 と 18 の素因数分解だ。この素因数分解表示を見れば、12 と 18 の公約数は、2 で 1 回しか割れず (18 が 2 で 1 回しか割れないから)、3 でも 1 回しか割れないので (12 が 3 で 1 回しか割れないから)、2×3＝6 の約数に限られることがわかる。このように、素因数分解したときの肩に乗っている数 (**ベキ指数**とよぶ) の小さい方を集めてきて、掛けあわせることによって最大公約数が計算できるのである。

練習問題10

(1) 20 の約数を全て列挙し、また 20 を素因数分解せよ。20 と 12 の最大公約数を、
   (i) 共通の約数を全て書き出し、その中で最大のものを取り出す。
   (ii) 素因数分解を用いる。
   の 2 通りの方法で求め、値が一致することを確かめよ。
(2) 36 と 24 の約数を全て書き出し、(1)と同じ 2 通りの方法で最大公約数を求めよ。
(3) 1000 と 96 の素因数分解をし、それを用いて 1000 と 96 の最大公約数を求めよ。

(解答は 315 ページ)

最大公約数を使って解けるパズルを紹介しよう。

パズル

林間学校に行ったら、保護者からみかん 500 個とりんご 236 個の差し入れがありました。みんなに同じ個数だけ行き渡るように、それぞれできるだけたくさん配ったら、みかんもりんごもちょうど 20 個ずつ余りました。林

CHAPTER 3 ユークリッドの互除法と無理数の発見

間学校に参加したのは何人だったでしょうか？

配ったみかんの個数は 480 個、りんごの個数は 216 個。みんなに同じ個数だけ配ったので、480 も 216 も人数のちょうど何倍かの倍数になっているはずだ。逆に言うと、人数は 480 と 216 の共通の約数、つまり公約数になっているはずである。480 と 216 をそれぞれ素因数分解すると

$$480 = 2\times 2\times 2\times 2\times 2\times 3\times 5 = 2^5 \cdot 3 \cdot 5$$
$$216 = 2\times 2\times 2\times 3\times 3\times 3 = 2^3 \cdot 3^3$$

2 で割れる回数は 480 が 5 回、216 が 3 回なので、その少ない方を取って、公約数は 2 で最高 3 回割れることがわかる。また 3 で割れる回数は 480 が 1 回、216 が 3 回なので、やはり少ない方を取って、公約数は 3 で最高 1 回割れることがわかる。もう他に共通の素因数はないので、$2\times 2\times 2\times 3 = 24$ が 480 と 216 の公約数のうちで最大、つまり最大公約数になっている。他の公約数は、この最大公約数 24 の約数、つまり $\{1, 2, 3, 4, 6, 8, 12, 24\}$ のどれかだ。

みかんもりんごも 20 個余った、という条件があるので、これは 1 人 1 個ずつ配ると 20 個では足りない、ということだ。よって林間学校の参加者は 21 人以上いたことがわかる。24 の約数（つまり 480 と 216 の公約数）のうちで 21 より大きい数は 24 しかない。したがって、林間学校の参加者は 24 人だったことがわかった。

解き方がわかったから、類題に挑戦してみよう。

> **類題**
>
> ある大学の入学式で、新入生全員にみかん 13579 個、りんご 34567 個を用意して、みんなに同じ個数だけ行き渡るようにそれぞれできるだけたくさん配ったら、みかんが 1234 個、りんごが 1 個余りました。新入生は何人だったでしょう？

結局配ったみかんの個数は 12345 個、りんごは 34566 個なので、12345 と 34566 の共通の約数を見つければよい。ではまず 12345 の素因数分解から……って、そんな素因数分解やってられるかい！ と本を放り投げるのはちょっと待ってほしい。実は、素因数分解なんかしなくても、最大公約数を計算する秘法があって、それがこの節の眼目なのだ。

まず計算の第 1 ステップとして、34566 を 12345 で割り算してみる。

$$34566 \div 12345 = 2 \quad 余り \quad 9876$$

何のためにこんな計算をしたのかというと、ポイントは次の事実にある。

> **ポイント**
>
> 「34566 と 12345 の公約数」は「12345 と 9876 の公約数」に等しい。
> 　特に「34566 と 12345 の最大公約数」と「12345 と 9876 の最大公約数」は等しい。

なぜそんなことがいえるのか、理由をご説明しよう。d とい

CHAPTER 3　ユークリッドの互除法と無理数の発見

う数が、34566 と 12345 の共通の約数だったとする。つまり、34566 も 12345 も d の倍数、というわけだ。9876 は 34566 を 12345 で割った余りなので、$34566 - (2 \times 12345) = 9876$ となっている。34566 も 2×12345 も d の倍数なので、その差である 9876 も d の倍数だ。よって、d は 12345 と 9876 の共通の約数、ということになる。

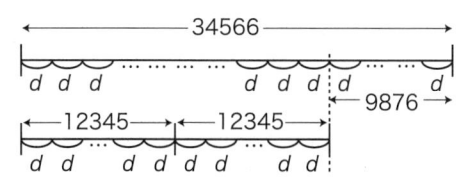

34566 と 12345 が d の倍数なら、
34566 を 12345 で割った余り 9876 も
d の倍数になる。

逆に、D という数が 12345 と 9876 の共通の約数だったとしよう。12345 も 9876 も D の倍数だから、2×12345 も D の倍数であり、よって $2 \times 12345 + 9876 = 34566$ も D の倍数となる。つまり、D は 34566 と 12345 の共通の約数となることがわかる。

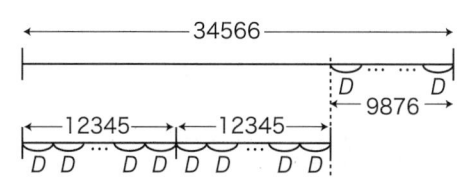

34566 を 12345 で割った余り 9876 と
12345 がともに D の倍数なら、
34566 も D の倍数になる。

「34566 と 12345 の公約数」は「12345 と 9876 の公約数」になり、逆に「12345 と 9876 の公約数」は「34566 と 12345 の公約数」となるので、結局どちらの公約数を考えても同じものになることがわかった。

公約数全体の集合が同じなので、特にその公約数の中で最大のものも等しくなる。よって「34566 と 12345 の最大公約数」と「12345 と 9876 の最大公約数」も等しくなるのである。

> 「34566 と 12345 の最大公約数」
> ‖
> 「12345 と 9876 の最大公約数」

面倒な議論をして、34566 が 9876 に減っただけ、「12345 と 9876 の最大公約数」だって計算は大変だ、と思われるかもしれない。しかしよく考えてみよう。今の論法は繰り返し使えるのだ。「12345 と 9876 の最大公約数」を求めるには

$$12345 \div 9876 = 1 \quad 余り \quad 2469$$

と計算して、「9876 と 2469 の公約数」を求めればよい。

> 「34566 と 12345 の最大公約数」
> ‖
> 「12345 と 9876 の最大公約数」
> ‖
> 「9876 と 2469 の最大公約数」

さらに同じ論法を繰り返そう。「9876 と 2469 の最大公約数」を求めるには、9876 を 2469 で割り算して

$$9876 \div 2469 = 4 \quad 余り \quad 0$$

CHAPTER 3　ユークリッドの互除法と無理数の発見

なんと割り切れてしまった。つまり 9876 は 2469 のちょうど 4 倍なのである。2469 の約数は全て 9876 の約数にもなっているので、「9876 と 2469 の公約数」とは、「2469 の約数」のことに他ならない。特に 9876 と 2469 の最大公約数は 2469 である。

> 「34566 と 12345 の最大公約数」
> ‖
> 「12345 と 9876 の最大公約数」
> ‖
> 「9876 と 2469 の最大公約数」
> ‖
> 2469

やってきた計算を最初までさかのぼって、「34566 と 12345 の最大公約数」は 2469 であることがわかった。

新入生の人数の問題に戻ると、2469 の約数で 1234 より大きい数は 2469 だけなので、新入生の人数は 2469 人、というのが答えになる。検算をしておくと、34566÷2469＝14　余り 0、12345÷2469＝5　余り 0 で、2469 が確かに 34566 と 12345 の公約数になっていることが確かめられた。

「そんなわけのわからん計算をされても、信じないぞ！」という読者のために、34566、12345、9876、2469 の素因数分解と約数のリストを掲げておこう。

約数のリスト

$34566 = 2 \times 3 \times 7 \times 823$ の約数：

　　$\{1, 2, 3, 6, 7, 14, 21, 42, 823, 1646, 2469, 4938, 5761,$

>   11522, 17283, 34566}
>
> $12345 = 3 \times 5 \times 823$ の約数:
>
> $$\{1, 3, 5, 15, 823, 2469, 4115, 12345\}$$
>
> $9876 = 2^2 \times 3 \times 823$ の約数:
>
> $$\{1, 2, 3, 4, 6, 12, 823, 1646, 2469, 3292, 4938, 9876\}$$
>
> $2469 = 3 \times 823$ の約数:
>
> $$\{1, 3, 823, 2469\}$$
>
> 約数の集合は大きく変化しているにもかかわらず、隣り合った2つの約数集合の共通部分、つまり公約数の集合は常に $\{1, 3, 823, 2469\}$ を保つように変化していることが確かめられる。

ここで紹介した計算テクニックを**ユークリッドの互除法**とよぶ。一般に A と B の最大公約数を求めたいとき、計算は次のようになる。

まず A を B で割り、(その商は無視して) 余りを C とおく。次に B を C で割り、その余りを D とおく。以下同様に次々と割り算していくと、だんだん数が小さくなっていくのでいつかは割り切れる。最後に Y を Z で割って割り切れたとすると、A と B の最大公約数は Z であり、A と B の公約数全体の集合は、Z の約数全体の集合と一致する。

実際、このとき

A と B の公約数全体の集合 = B と C の公約数全体の集合

CHAPTER 3　ユークリッドの互除法と無理数の発見

$= C$ と D の公約数全体の集合

$= \cdots$

$= Y$ と Z の公約数全体の集合

となる。さらに Z が Y の約数なので、Z の約数は Y の約数でもあり

　　Y と Z の公約数全体の集合 $= Z$ の約数全体の集合

となる。全体をあわせて、A と B の公約数と Z の約数が一致することがわかり、特にその中で一番大きな数を取れば、A と B の最大公約数が Z になることがわかる。

|結論|

　2つの数の最大公約数は、公約数を列挙する方法、それぞれの数を素因数分解する方法によっても求められるが、ユークリッドの互除法によって、より効率的に計算することができる。

|練習問題11|

ユークリッドの互除法を用いてそれぞれのペアの最大公約数を計算せよ。

(1) 234 と 432
(2) 567 と 987
(3) 876 と 6789

（解答は 315 ページ）

コラム7　ユークリッドの『原論』

　ユークリッドは紀元前3世紀頃にエジプトのアレキサンドリア（アレキサンダー大王が建設した都市であり、ギリシア文化圏である）で活躍した数学者で、『原論』（英語で Elements）という数学教科書をのこした。ユークリッドの『原論』は全13巻、その後2000年以上にわたって使われ続けた史上最も長命の科学書である。例えば第1巻でピタゴラスの定理が、第4巻で正五角形の作図方法が、第13巻で5つの正多面体の作図方法が紹介されている。幾何だけでなく、第5巻では実数論が、第7巻から第9巻では整数論が、第10巻では無理数論が論じられている。

　その第7巻の命題2として紹介されているのが、上記ユークリッドの互除法である。『原論』は、当時知られていた他の教科書の証明をより厳密にした決定版で、これによって他の教科書が使われなくなってしまった、と伝えられているので、互除法もユークリッドの考案によるものかどうかは定かではない。なお、『原論』では割り算でなく引き算を使っているので、オリジナルは互除法でなく互減法である。

「2つの数のうちの大きい方を、大きい方から小さい方を引いた差で置き換える」という手順を繰り返すというもので、例えば $(999, 259) \to (740, 259) \to (481, 259) \to (222, 259) \to (222, 37) \to (185, 37) \to (148, 37) \to (111, 37) \to (74, 37) \to (37, 37) \to (0, 37)$ という計算により、999と259の最大公約数が37であることがわかる。

CHAPTER 3 ユークリッドの互除法と無理数の発見

2. ユークリッドの互除法と連分数

　前の節ではユークリッドの互除法によって最大公約数を求める方法を紹介した。新しい計算手法のように感じられたかもしれないが、実はやっている計算は、連分数と同じである。詳しくご説明しよう。

　最大公約数の使い道として、分数の約分があげられる。例えば $\frac{259}{999}$ を約分するには、259 と 999 の最大公約数を求めて、その最大公約数で分母・分子を割ればよい。ユークリッドの互除法を使って 259 と 999 の最大公約数を求めてみよう。それと同時に、$\frac{259}{999} = 0.259259259\cdots$ を連分数表示するための計算を並べて、見比べる。特に注目すべきは、分数表示での連分数計算とユークリッドの互除法との比較である。参考までに小数表示での計算の欄も付け加えておく。

　なお、次のページの表を一見すると、ユークリッド互除法の欄だけ広くスペースがあいているように見える。が、よく見ると分数表示欄を埋めるために必要にして十分な計算が行われていることがわかる。

103

小数表示での連分数計算	分数表示での連分数計算	ユークリッド互除法
$0.259259\cdots$	$\dfrac{259}{999}$	$259 \div 999 = 0$ 余り 259
$= 0 + 0.259259\cdots$	$= 0 + \dfrac{259}{999}$	
$= 0 + \dfrac{1}{3.8571428\cdots}$	$= 0 + \dfrac{1}{\dfrac{999}{259}}$	$999 \div 259 = 3$ 余り 222
$= 0 + \dfrac{1}{3+0.8571428\cdots}$	$= 0 + \dfrac{1}{3+\dfrac{222}{259}}$	
$= 0 + \dfrac{1}{3+\dfrac{1}{1.166\cdots}}$	$= 0 + \dfrac{1}{3+\dfrac{1}{\dfrac{259}{222}}}$	$259 \div 222 = 1$ 余り 37
$= 0 + \dfrac{1}{3+\dfrac{1}{1+0.166\cdots}}$	$= 0 + \dfrac{1}{3+\dfrac{1}{1+\dfrac{37}{222}}}$	
$= 0 + \dfrac{1}{3+\dfrac{1}{1+\dfrac{1}{6}}}$	$= 0 + \dfrac{1}{3+\dfrac{1}{1+\dfrac{1}{\dfrac{222}{37}}}}$	$222 \div 37 = 6$ 余り 0 (最大公約数は 37)
	$= 0 + \dfrac{1}{3+\dfrac{1}{1+\dfrac{1}{6}}}$ (37で約分)	

　真ん中の欄と右の欄を比べれば、連分数とユークリッドの互除法の計算が本質的に同じ（あるいは、ユークリッドの互除法は最大公約数を求める部分だけを抽出したものになっている）ことが一目瞭然であろう。ついでに、分数表示での連分数計算の最後の等号は、分母と分子の最大公約数で約分する計算になることがわかる。最大公約数で約分しているのでこれ以上は約分できず、よって連分数で求まる分数表示が常に既約分数になることが示された。

CHAPTER 3　ユークリッドの互除法と無理数の発見

> **結論**
>
> 　連分数によって正体を見破る計算を分数に対して行う計算は、その分母と分子の最大公約数をユークリッドの互除法で求める計算と同じである。よって、連分数によって数の正体を見破ると、答えとして出てくる分数は既約分数である。

練習問題12

次の分数を約分して、既約分数にせよ。
(1) $\dfrac{345}{1357}$　(2) $\dfrac{357}{5678}$　(3) $\dfrac{654}{56789}$

（解答は316ページ）

3．線分に対するユークリッドの互除法

　線分が2本あったとする。両方の線分の長さをちょうど測り取るような、基本単位を見つけることはできるだろうか？ 例えば一方の線分の長さがもう一方の1.5倍ならば、短い方の線分の長さの半分（＝長い方の線分の長さの $\dfrac{1}{3}$）の長さの線分を基本単位として、短い方の線分は基本単位の2倍、長い方の線分は基本単位の3倍、というようにちょうど測り取れる。

　では、長さの比が正確にはわからない2本の線分があったとき、その2本をちょうど測り取るような基本単位を見つけることができるだろうか？

　お気づきだろうか？　これは、2つの長さの「最大公約数」

105

を求めよ、という問題と同じことなのである。ただ、整数の最大公約数の問題と違う点がある。長さなので、素因数分解して共通の素因数を取り出したり、あらかじめ約数を列挙したり、という計算方法は通用しないのだ。

整数なら、例えば12の約数を1、2、3、4、6、12と列挙しておいて、公約数の候補、ということができるが、線分の長さが1.41421356…という長さだった場合、その約数とか、素因数分解とかは意味を持たない。敢えていえば1.41421356…を自然数1、2、3、4、…で割っていった値が「約数」といえなくもないが、無限個の「約数」が出てくるのでは、実際の計算の役には立たない。

一方、ユークリッドの互除法によるアプローチは長さに対しても通用する。実際に調べてみよう。

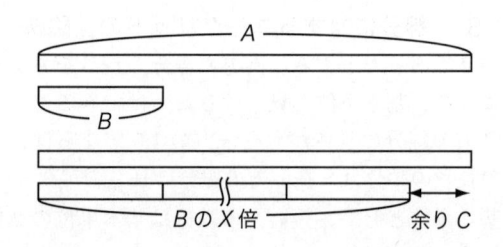

長さ A の線分と長さ B の線分があったとする。A の線分から、B の線分で測れるだけ測り取り（B の線分が X 本、A の線分以下の長さの中に並べられるとして）、余り C を考える。

このとき、次の原理が成り立つ。

原理

「A の線分と B の線分を共通に測り取れる線分」と、「B の線分と C の線分を共通に測り取れる線分」とは同じで

CHAPTER 3 ユークリッドの互除法と無理数の発見

ある。

　実際、d という長さの線分が A と B の両方をちょうど測り取れるとしよう。つまり、A の線分も B の線分も、d の整数倍である。このとき、C は線分 A から線分 B を X 本引き算したものである。A も、B の X 倍も、d の整数倍の長さなので、その差である C も d の整数倍である。よって、「A の線分と B の線分を共通に測り取れる線分」は B の線分と C の線分を共通に測り取ることができる。

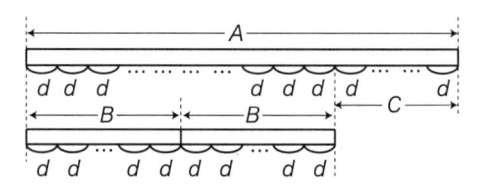

A と B が d の整数倍なら、
A を B で割った余り C も
d の整数倍になる。

　一方、D という長さの線分が B の線分と C の線分の両方を測り取れるとしよう。つまり、B の線分も C の線分も、D の線分の整数倍である。すると、A の線分は C の線分に B の線分を X 本継ぎ足した長さなので、A の線分も D の線分の整数倍となる。よって「B の線分と C の線分を共通に測り取れる線分」は、A の線分と B の線分を共通に測り取ることができる。

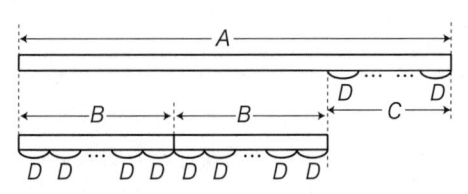

A を B で割った余り C と B が
ともに D の整数倍なら、
A も D の整数倍になる。

以上より、「*A* の線分と *B* の線分を共通に測り取れる線分」は *B* と *C* を共通に測り取り、逆に「*B* の線分と *C* の線分を共通に測り取れる線分」は *A* と *B* を共通に測り取るので、両者は等しいことがわかる。

よって、2 本の線分を共通に測り取れる最長の単位長さの線分（最長公約線分）を見つけたければ、整数の場合と同じようにすればよさそうだ。*A* という長さの線分を *B* で割り算して、余りを *C* とする。次に *B* という長さの線分を *C* で割り算して、余りを *D* とする。以下同様にどんどん続けていって、最後に *Y* という長さの線分を *Z* という長さの線分がぴったり測り取り、余りがなければ、その *Z* という長さが *A* と *B* を共通に測り取る最長の単位長さである。

実際、古代のギリシア人はこの方法でいつでも単位長さを見つけられる、と最初は信じていたふしがある。「万物は数である」という標語のもと、例えば線分とは小さな点が並んだものである、というイメージを持っていたとすれば、その点の大きさを単位としてどんな線分も測り取れるはずだからである。

問題は、本当にいつかは線分の長さが割り切れて「最後」がくるのかどうか、ということだ。もしも 2 本の線分の長さ

CHAPTER 3　ユークリッドの互除法と無理数の発見

が共通の単位長さで測り取れたとしたら、2本の線分の長さの比率は整数：整数、という比率になるはずである。つまり、長さの比は有理数である。逆にいうと、2本の線分の長さの比率が無理数であれば、どこまで長さの割り算を続けていっても線分が短くなるばかりで、単位長さにはたどりつかない。例えば2本の線分の長さの比率が黄金比であれば、そんな現象が起こるはずだ。その黄金比の比率を持つ2本の線分が、正五角形の中にあらわれるのである。次の節では、正五角形について詳しく調べてみることにしよう。

> **結論**
>
> 　長さどうしの「最大公約長さ」も、ユークリッドの互除法同様の方法で求められる。ただし、自然数の最大公約数の場合と違い、長さどうしの「最大公約長さ」は必ずしも存在するとは限らない。

4．正五角形と黄金比

　この節の目標は、**正五角形の一辺と対角線の長さの比**を調べることである。答えは**黄金比**、つまり $1:\dfrac{1+\sqrt{5}}{2}$ になる。ついでにその結果を利用して、正五角形を作図する方法を紹介しよう。

　まず正五角形の内角を求める。実は内角より外角が簡単に求まる。

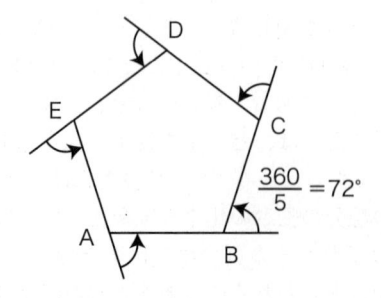

図のように正五角形 ABCDE を作り、A から B へ向かう線分を考える。B で角度を変えて、B から C へ向かう。今度は C で向きを変えて、C から D へ、そしてまた D で、そして次に E で、向きを変え、最後に A で向きを変えて B に向かうと、最初と同じ向きになっているので、トータルで 360° 向きを変えたことになる。B、C、D、E、A の 5 ヵ所で同じ角度だけ向きを変えると合計 360° となるので、それぞれ $\frac{360}{5}=72°$、よってそれぞれの外角は 72°、ということは、内角は $180-72=108°$ であることがわかった。

次に対角線 EC を結んでみると、EC と AB は平行になる。そこで、もうひとつの対角線 EB を結んでみると、∠CEB と ∠ABE とは互いに錯角になるので、相等しくなる。

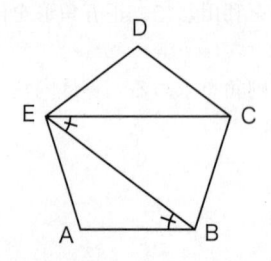

正五角形は対称な図形なので、∠DEC＝∠CEB＝∠BEA と

CHAPTER 3　ユークリッドの互除法と無理数の発見

なる（平行線と錯角を使うかわりに、円周角を使っても、この3つの角度が等しいことがいえる）。

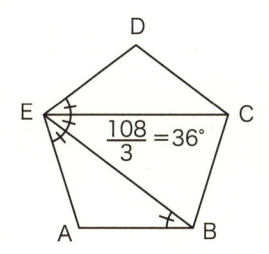

これにより、∠DEA = 108° が3等分されたので、∠CEB = $\frac{108}{3}$ = 36° となることがわかった。△BCE と合同な、△ABD を考えよう。頂角 ∠ADB は 36° となるところまではわかっている。△ABD は二等辺三角形なので、底角 ∠DAB は 180 − 36 = 144° の半分で、∠DAB = 72° である。

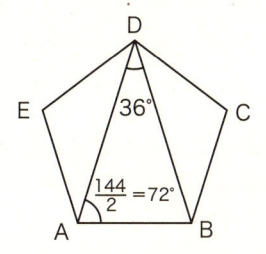

さて、正五角形は忘れて、二等辺三角形 ABD に注目する。∠DAB の二等分線 AF を引いてみよう。そして、線分 AB の長さを 1、線分 DA の長さを x とおく。

111

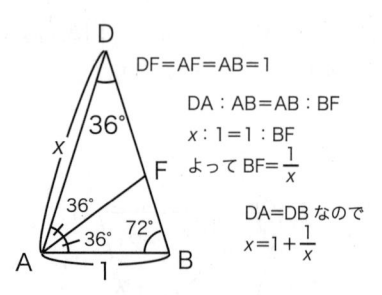

```
         D
        /|
       / | DF=AF=AB=1
      /36°|
     /   |    DA:AB=AB:BF
    x    |
   /     F    x:1=1:BF
  /    / |    よって BF=1/x
 / 36°/  |
/    /72°|    DA=DB なので
A 36°----B    x=1+1/x
    1
```

　底角 ∠DAB は 72° なので、その二等分は 36° で頂角 ∠ADB と同じだ。△ABF に注目してみると、∠AFB = 180 − 36 − 72 = 72° で二等辺三角形となり、線分 AF の長さは AF = AB = 1 となる。また、∠ADF = ∠DAF = 36° なのでこちらも二等辺三角形となり、DF = AF = 1 となる。一方、△ABF と △DAB とは相似なので、DA : AB = AB : BF、よって $x : 1 = 1 : BF$ となり、$BF = \dfrac{1}{x}$ となることがわかる。

　DF + FB = DA なので、$x = 1 + \dfrac{1}{x}$、両辺に x を掛けて、$x^2 = x + 1$、2 次方程式を解いて $x = \dfrac{1 \pm \sqrt{5}}{2}$ で、$x > 0$ より $x = \dfrac{1 + \sqrt{5}}{2}$、つまり AB の長さを 1 とすると DA の長さは黄金比となることがわかった。元の正五角形に戻ってみると、一辺と対角線との長さの比が黄金比になっていることが証明されたことになる。

　応用として、まず cos 72° の値を求めることにする。cos（コサイン）をご存じでない読者も、心配はいらない。底角が 72° となる直角三角形の底辺と斜辺の比 $\dfrac{底辺}{斜辺}$ をあらわす記号が cos 72° だ。上の図で、底辺 AB の中点を G とおくと、△DAG が、底角 ∠DAG = 72° を持つ直角三角形なので

CHAPTER 3　ユークリッドの互除法と無理数の発見

$$\cos 72° = \frac{\text{AG}}{\text{DA}} = \frac{\frac{1}{2}}{\frac{1+\sqrt{5}}{2}} = \frac{1}{1+\sqrt{5}}$$

$$= \frac{(\sqrt{5}-1)}{(\sqrt{5}+1)(\sqrt{5}-1)} \quad \text{(分母の有理化、}(\sqrt{5}-1)\text{を}$$
$$\qquad\qquad\qquad\qquad\qquad\text{分母・分子に掛けた)}$$
$$= \frac{\sqrt{5}-1}{4} = 0.30901699\cdots$$

となる。直角三角形の直角以外の2つの角度は斜辺と底辺の比で決まるので、斜辺の長さが1、底辺の長さが $\frac{\sqrt{5}-1}{4}$ となるような直角三角形を作図できれば、その底角は72°になる。

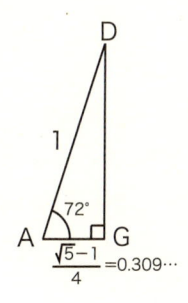

この計算を使った、正五角形の簡単な作図方法を紹介しよう。

まず線分 AB を直径とする円 O を考える（点 A とか B とかは、これまでの図とは関係なく、あらたに任意に取った2点である）。AB の中点 O が円の中心である。線分 AB の垂直二等分線を引き、円との交点の一つを C とする。OA を4等分して O に近い4等分点を D、OC の中点を E とする（線分 OA の垂直二等分線と OA との交点が線分 OA を2等分する。もう一度、OA の2等分点と O とを結ぶ線分を2等分す

113

れば、線分 OA を 4 等分する点 D が得られる）。円の半径を 1 とすると、$OD = \frac{1}{4}$、$OE = \frac{1}{2}$ となる。ピタゴラスの定理により、$DE = \frac{\sqrt{5}}{4}$ である。

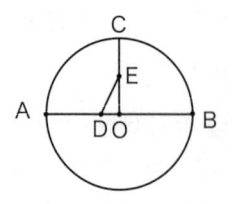

D を中心に、E を通る円を描いて、その円と線分 OB が交わる点を F とする。

$$OF = DF - DO = DE - OD = \frac{\sqrt{5}}{4} - \frac{1}{4} = \frac{\sqrt{5}-1}{4} = \cos 72°$$

である。そこで F を通る AB の垂線を引き、その垂線と最初の円 O との交点を G とすると、△OGF は底辺と斜辺の長さの比が $\frac{\sqrt{5}-1}{4} = \cos 72°$ となる直角三角形だ。特に ∠GOF = 72° なので、G、B は円 O に内接する正五角形の 2 頂点をなしている。

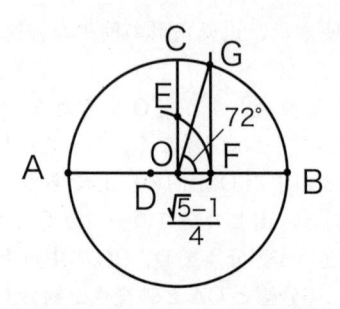

あとは G を中心に B を通る円を描くと、B 以外での円 O

CHAPTER 3 ユークリッドの互除法と無理数の発見

との交点が、正五角形の第3の頂点となる。上下対称なので、もう半分でも同様に作図して、正五角形が描けた。

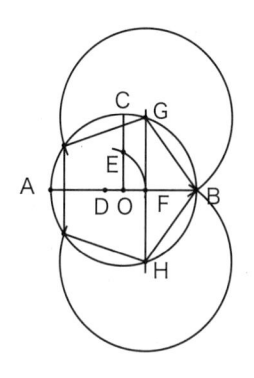

結論

正五角形の一辺と対角線の長さの比は $1:\dfrac{1+\sqrt{5}}{2}$、つまり黄金比である。その事実を用いて正五角形を作図することができる。

5. フォン・フリッツの仮説

正五角形 ABCDE を考える。線分 AB は正五角形の一辺であり、線分 AD は対角線だ。この2本の線分の長さを測り取る共通単位の長さを、ユークリッド互除法の考え方で求めてみよう。

前の節で、この長さの比が黄金比になっていることを確かめた。黄金比の連分数が無限に続く、というのが手品のタネだが、ここは古代ギリシア人になったつもりで、なるべくそういう予備知識は使わずに議論を進めることにする。

115

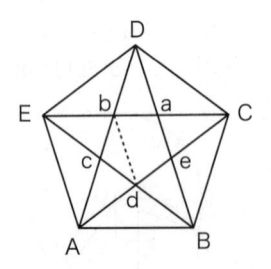

5本の対角線を全て引き、頂点 A、B、C、D、E と正反対の側にある対角線どうしの交点を、それぞれ a、b、c、d、e とする。さらに、補助線 db を結ぶ。

準備として必要な事実は、次の2つだ。

(補題1) 線分 AB と線分 Ab の長さは等しい。
(補題2) 線分 Db と線分 db の長さは等しい。

まず補題1について。△ABC と △AbC に着目する。

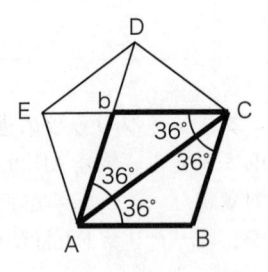

正五角形を作図するときに調べた通り、∠bAC = ∠BAC = 36° = ∠bCA = ∠BCA で、辺 AC は共通なので、2角挟辺で △ABC と △AbC は合同。特に対応する辺 AB と Ab は等しい。(補題1証明終わり)

次に補題2について。△DCb と △dCb に着目する。

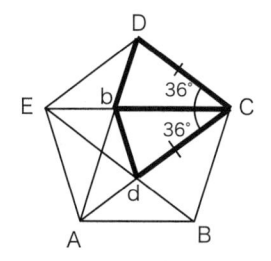

CHAPTER 3 ユークリッドの互除法と無理数の発見

補題1と同様にして、DC と dC は等しい。また対応する角 ∠DCb と ∠dCb は両方とも 36° で等しい。辺 bC は共通なので、2辺挟角により △DCb と △dCb は合同。特に、対応する辺 Db と db は等しい。(補題2証明終わり)

では、線分 AB と線分 AD を測り取る共通単位の長さを求めてみよう。まず(補題1)より、AB=Ab である。AD と Ab を比べると、Ab の長さは AD の半分以上あるので、AD の長さを Ab の長さで割ると商は1、余りは線分の残り Db の長さに等しい。よってユークリッドの互除法の第1ステップとして、「AD と AB の長さの共通単位は、AB の長さ(つまり Ab の長さ)と Db の長さの共通単位と等しい」ということがわかる。

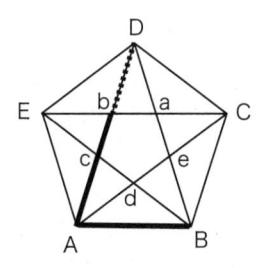

次に AB=Ab と Db の長さの共通単位を求めてみよう。正

117

五角形は対称なので、Ab＝Dc である。Dc の長さを Db の長さで割ると、商は 1、余りは Dc－Db＝bc となる。よって、ユークリッドの互除法の第 2 ステップとして、「AB と Db の長さの共通単位は Db と bc の共通単位に等しい」ということがわかった。

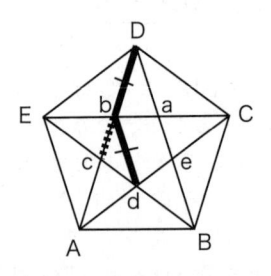

(補題 2) により、線分 Db の長さと線分 db の長さは等しい。よって結論として、

結論

正五角形 ABCDE において、AB と AD の長さを測り取る共通単位は、bc と db の長さを測り取る共通単位に等しい。

ということがわかった。「え、これが結論だということは、計算終わり？ 共通の単位が見つかるまで割り算を続けるんじゃないの？」という読者の声が聞こえそうだが、ここで計算を止めて、何がわかったかをよくよく味わってみることにしよう。

正五角形 ABCDE の内部に、より小さい正五角形 abcde ができていて、bc と db というのは、その小さい正五角形の一

CHAPTER 3　ユークリッドの互除法と無理数の発見

辺と対角線だ。つまり、大きい正五角形の一辺と対角線の長さを測り取る共通単位は、小さい正五角形の一辺と対角線の長さを測り取る共通単位に等しいことがわかったのである。

以下、計算を続けていくと、同じ計算が無限に続くことになる。つまり、次の図の内部へ内部へと永遠に同じパターンで縮小を続けるだけで、いつまでたっても割り切れて共通単位が求まるということがない。これにより、正五角形の一辺と対角線の長さの比が無理数になっていることが厳密に証明されたことになる。

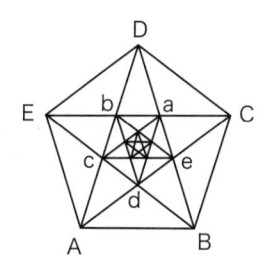

無理数を発見したとされるのは、紀元前5世紀のピタゴラス学派の**ヒッパソス**。イアンブリコスの『ピュタゴラス伝』という書物によれば、「この男（ヒッパソス、引用者注）はピュタゴラス派の一人ながら、正十二面体の球体をはじめて衆人環視のもとに描いたために、不敬を働いた廉で海にて溺れ死んだ」（国文社）とある。ちなみに正十二面体とは、次ページの図のような図形だ。

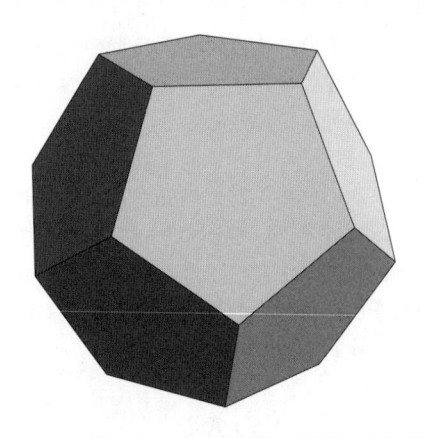

各面が、正五角形である。無理数の発見と正五角形は関係があったのではないか？　しかも互除法（正確には互減法）により共通の長さ単位を見つける、というテクニックは、古代ギリシアの職人の得意技だったという。フォン・フリッツはこれらを証拠として、ヒッパソスが無理数を発見したのは上のような正五角形を使った議論であったろう、と推論した。つまり、無理数の発見には連分数（つまり、長さに対するユークリッドの互除法）が使われたであろう、というのである。

　ところで、ユークリッドの『原論』では、無理数論について論じられている第10巻の命題3で、長さに関するユークリッドの互除法が証明されている。証明方法は整数の互除法の場合とほぼ同じ、文章もほぼ同じなのは、多分わざとそうしたのであろう。数の世界で成り立つ論法が、図形の世界でも成り立つ、という「数学を一般化する楽しみ」を伝えようとしたように、私には思えるのである。その感覚を少しでも伝えられるように互除法の説明を工夫してみたつもりだが、うまく伝わっただろうか？

CHAPTER 3 ユークリッドの互除法と無理数の発見

　今は小学校のときから、りんごの個数も鉛筆の長さも同じように数によってあらわされるので、その驚きはユークリッドの頃よりはだいぶん薄れているだろうけれども。

　ユークリッドの頃はものの個数（整数）と線分の長さ（実数）は別の量だと考えられていて、両者を同じ数によってあらわすのは代数と幾何を統一したデカルト以降の発想なのである。

> **結論**
>
> 　正五角形の一辺と対角線の長さを共通に測り取る「最大公約長さ」をユークリッドの互除法を用いて求めようとすると、いつまでたっても割り切れない。人類はこれによって無理数を発見したのだ、とする説がある。

CHAPTER 4

音階と連分数

　この章では、連分数で音楽を読み解くことにする。西洋音楽の原点は紀元前6世紀のピタゴラスが作ったといわれる音階で、1オクターブを12の半音にわけるものだが、その12という数が、1600年頃に発明された対数と連分数を組み合わせることできれいに導き出せるのである。準備として、対数と関数の話から始める。実は人間の耳には対数関数が装備されているようなのである。

1. 即席、対数関数入門

　記号の復習から始めよう。2^3のように2の右肩に3を書いたものは

$$2^3 = \overset{3個}{\overline{2 \times 2 \times 2}}$$

という掛け算をあらわす。

　この記号を使えば、同じ数どうしをたくさん掛け合わせるときに便利だ。本書の中でも、「2048は$2048 = 2^{11}$というキリのよい数だ」とかという使い方をしている。よく考えてみたら、2次方程式のx^2も$x \times x$という意味であった。

　このような記法を**指数記法**とよぶ。まずは2のベキ乗、つまり2をいくつか掛け合わせた数の表をご覧いただこう。

CHAPTER 4 音階と連分数

2^1	2	2
2^2	2×2	4
2^3	$2\times 2\times 2$	8
2^4	$2\times 2\times 2\times 2$	16
2^5	$2\times 2\times 2\times 2\times 2$	32
2^6	$2\times 2\times 2\times 2\times 2\times 2$	64
2^7	$2\times 2\times 2\times 2\times 2\times 2\times 2$	128
2^8	$2\times 2\times 2\times 2\times 2\times 2\times 2\times 2$	256
2^9	$2\times 2\times 2\times 2\times 2\times 2\times 2\times 2\times 2$	512
2^{10}	$2\times 2\times 2\times 2\times 2\times 2\times 2\times 2\times 2\times 2$	1024
2^{11}	$2\times 2\times 2\times 2\times 2\times 2\times 2\times 2\times 2\times 2\times 2$	2048

指数表記によって、真ん中の大変な式が左欄の短い式でまとめられている。その便利さがわかるのと同時に、例えば $2^2=4$ と $2^3=8$ の積 $4\times 8=32$ がやはりこの表の中にあらわれて、$32=2^5$ となっている、つまり表の右端の数字どうしを掛け合わせると（もし必要なら表をさらに下にのばせば）、その数もやはりこの表の右端に入っている、ということに気付く。まあこれは当たり前で

(2をいくつか掛け合わせた数)×(2をいくつか掛け合わせた数)

がやはり2をいくつか掛け合わせた数になることはすぐわかる。では、いくつ掛け合わせたものになるのだろう？ それもやさしい問題で、例えば $2^3=8$ と $2^5=32$ の積を、直接計算せずに表だけから求めようと思ったら

$$(2^3)\times(2^5)=\overbrace{2\times 2\times 2}^{3個}\times\overbrace{2\times 2\times 2\times 2\times 2}^{5個}$$

$$= \overbrace{2\times2\times2\times2\times2\times2\times2\times2}^{(3+5)\text{個}}$$
$$= 2^8$$

というように考えて、$8\times32=256$、と表だけから読み取れる。別に 3 や 5 に限らずに、次のような変形で、$2^{(x+y)}=(2^x)\times(2^y)$ という等式が証明できる。

$$(2^x)\times(2^y) = \overbrace{2\times\cdots\times2}^{x\text{個}}\times\overbrace{2\times\cdots\times2}^{y\text{個}}$$
$$= \overbrace{2\times\cdots\cdots\cdots\times2}^{(x+y)\text{個}}$$
$$= 2^{(x+y)}$$

面白いことに、表が必要なところまで作ってあれば、足し算を使って掛け算の答えを表から読み取ることができるのである。言い換えれば、2^t という関数は足し算を掛け算に変えるのだ。つまりどういうことかを、この節で詳しくご説明しよう。以下、その説明のために、2^t という関数を $F(t)$ とあらわすことにする。

記号

$$F(t) = 2^t$$

つまり $F(1)=2$、$F(2)=4$、$F(5)=32$ といった具合だ。$F(x)=2^x$ だし、$F(y)=2^y$ である。この節の目標、$2^{(x+y)}=2^x\times2^y$ は

$$F(x+y) = F(x)\times F(y)$$

とあらわされる。「足し算を掛け算に変える」という性質

CHAPTER 4 音階と連分数

は、指数表示の性質というよりは、**指数関数**（あるいはベキ乗関数とも言う）の性質なのだ。まず関数とは何か、というところから話を始めよう。

関数のイメージとしては、図のような「変換機」を思い浮かべてほしい。関数 F は $F(t) = 2^t$、つまり t を入れると 2^t が出てくる関数である。

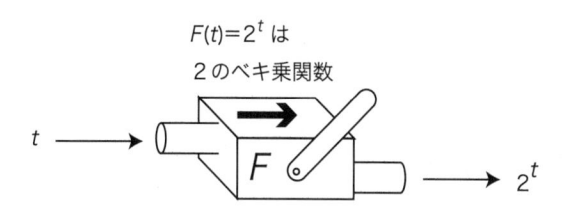

$F(t)=2^t$ は
2のベキ乗関数

$t \longrightarrow$ F $\longrightarrow 2^t$

左の入り口から t という数を入れて、レバーをガチャンと降ろすと、中で t という数を何か加工して、右の出口から 2^t という数が出てくるわけである。例えば 3 を入れてガチャンとやると 8 が出てくるし、7 を入れてガチャンとやると 128 が出てくる。

そして、上で証明した

$$2^{(x+y)} = (2^x) \times (2^y)$$

つまり

$$F(x+y) = F(x) \times F(y)$$

という式は、この F という関数が、足し算を掛け算に変換する、ということをあらわしている。すなわち、x と y という2つの数に対して、先に足してから変換した数（関数のイメージは、変換機だ！）と、先に変換してから掛け合わせた数が等しい、という式なのだ。

先にそれぞれ変換する

後で掛け合わせる

先に足し合わせる

後で変換する

$2^{(x+y)} = (2^x) \times (2^y)$

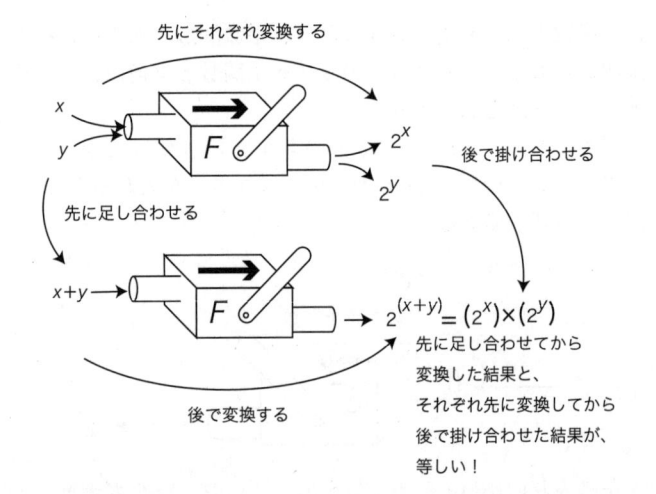

先に足し合わせてから
変換した結果と、
それぞれ先に変換してから
後で掛け合わせた結果が、
等しい！

　その意味で、指数関数 F、つまり t を入れると 2^t を出力する関数は、足し算を掛け算に変えるのである。

　ここで、面白いアイデアが生まれる。F の逆変換（つまり逆関数）があったら、どうだろうか？　つまり、T という入力に対して、$2^t = T$ となるような t を出力してくれるという変換機である。

　例えば 32 を入力すると 5 を出力するし、512 を入力すると 9 を出力するわけだ。$F(t) = 2^t$ が足し算を掛け算に変えるのだから、その逆変換機は、掛け算を足し算に変えるだろう、というアイデアだ。

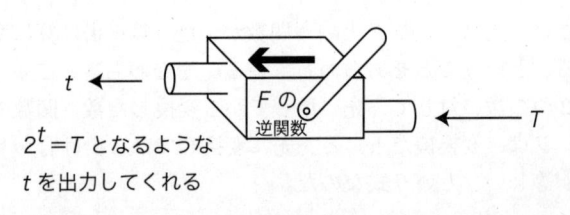

$2^t = T$ となるような
t を出力してくれる

126

CHAPTER 4　音階と連分数

　今度は右の入り口から T を入れて、レバーをガチャンと上にあげると、中で T という数を加工して、左の出口から t という数が出てくる。この t は、さっきの指数関数 $F(t)=2^t$ で変換すると元の T が出てくるような（つまり $2^t=T$ となるような）、そんな数である。変換機 F に、左から t を入れて右から $T=2^t$ が出てくるところを動画に撮り、逆回しにすると、右から T を入れて左から t が出てくるように見えるが、そのように、$F(t)=2^t$ という変換を逆回しにするような関数が出来上がった。

　ある関数で変換した値を元に戻すような関数を、**逆関数**とよぶ。今考えているのは $F(t)=2^t$ という関数の逆関数で、これを**対数**とよぶ。より正確には「2」のベキ乗関数 2^t の逆関数なので、<u>2を底とした対数</u>ともよび、$t=\log_2 T$ とあらわす。例えば

$$\log_2 8 = 3$$
$$\log_2 128 = 7$$

といった具合だ。log は対数の英語 logarithm（ロガリズム）からきた記号で、底が2であることを log の右下の添え字2であらわしている。

　さて、面白いアイデアというのは、2つの関数、つまり指数関数 2^t と、対数関数 $\log_2 T$ が簡単に計算できるならば、足し算だけを使って掛け算が計算できてしまう、というのだ。例えば A と B という2つの数を掛け合わせることにしよう。まず A と B を対数で変換して $a=\log_2 A$ と $b=\log_2 B$ という値を求める。つまり、$2^a=A$, $2^b=B$ となるような a と b を求めたわけだ。そこで足し算を計算して $a+b$ を求める。最後に関数 2^t で $(a+b)$ を変換すれば

$$2^{(a+b)} = (2^a) \times (2^b) = A \times B$$

となり、みごとに足し算だけで掛け算が計算できたことになる。図であらわすと、

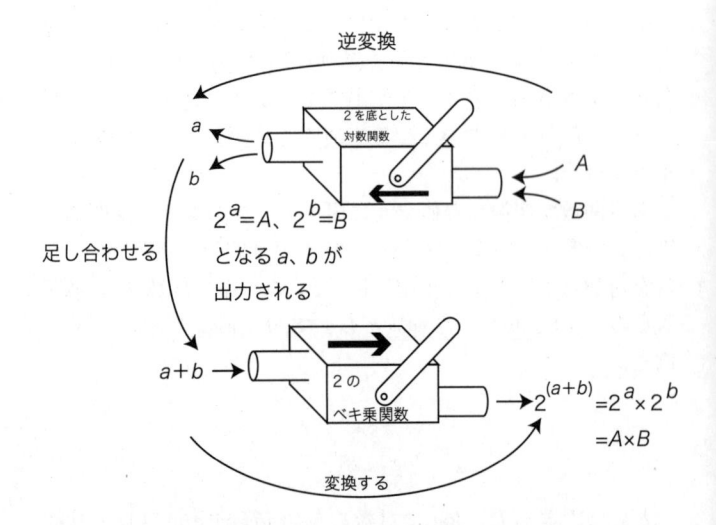

今の計算の副産物として、対数関数 log が、掛け算を足し算に変えることがわかる。つまり2つの数 A と B を先にそれぞれ $\log_2$ で逆変換してから足し合わせた数と、先に A と B を掛け合わせてから $\log_2$ で逆変換した数が等しいのである。実際、$A \times B$ を $\log_2$ で逆変換した数とは、2^t の t に代入すると $A \times B$ になる数のことだが、$2^{(a+b)} = A \times B$ なので $\log_2(A \times B) = a + b = \log_2 A + \log_2 B$、つまり

$$\log_2(A \times B) = \log_2 A + \log_2 B$$

となることが確かめられた。2^t は足し算を掛け算に、$\log_2 T$

CHAPTER 4　音階と連分数

は掛け算を足し算に変えるのである。

　下図において、これらの変換機の左側の世界は足し算の世界、右側の世界は掛け算の世界で、2^t と $\log_2$ という変換機によってこの左右の世界を自由に行ったり来たりできる、というわけだ。そこで右側の世界で掛け算をしたければ、まず $\log_2$ で左側の世界へ行き、そこで足し算をして、指数関数 F で右側の世界へ戻ると、掛け算をしたことになっている、という仕組みである。

対数関数と指数関数で、足し算の世界と掛け算の世界を
自由に行き来できる

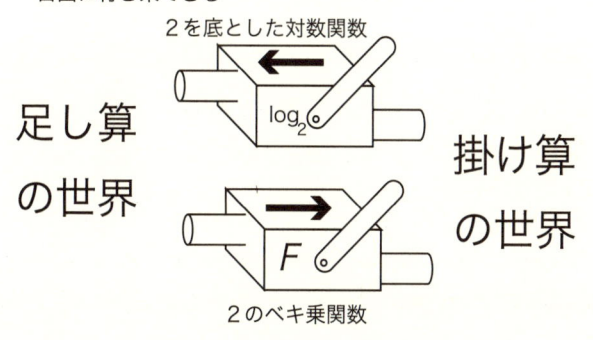

2を底とした対数関数

足し算の世界　　　　$\log_2$　　　　掛け算の世界

F

2のベキ乗関数

　アイデアはかっこいいが、2^t とか対数とかはどうやって計算すればいいんだ？　その難問を解決してアイデア通りの計算を実現したのが、**ジョン・ネピアー**（1550-1617）という天才数学領主様と、その後継者**ブリッグス**（1561-1630）であった。
「デンマークの天文学者、ティコ・ブラーエが、掛け算の計算を足し算を使って行っている」
　スコットランドの首都エジンバラに位置するマーチストン城を拠点とする領主ジョン・ネピアーがそのような噂を聞い

たとき、きっとこの章でここまで説明していたようなアイデアが閃いたに違いない。そしてさっそく対数の計算に取りかかった。2^t とか、その逆関数とかは、どうやって計算すればよいのか？　ネピアーによる計算方法は微分のアイデアを先取りする見事なものであったが、ここではより素朴に、とにかく頑張れば 2^t の逆関数が計算できる、ということを紹介するにとどめよう。

例えば 2^t にどんな t を代入すれば、3になるか？　という例題を考えることにする。え？　2を何乗しても3になるはずがないって？　まあそう決めつけずに、読み進めてもらいたい。

例題7

$2^t = 3$ となるような t の値を小数点以下1桁まで求めよ。

まず3は $2^1 = 2$ と $2^2 = 4$ の間にあるので、$2^1 < 2^t < 2^2$、つまり $1 < t < 2$ となる。そこで次に中間を取って、1.5 と t とを比べよう。そのためには、$2^{1.5}$ と3の、どちらが大きいかを考えればよい。$2^{1.5}$ とは「2を1.5回掛け合わせたもの」という意味である。「2を1.5回掛け合わせるとは何ぞや」といくら瞑想しても迷走するばかりであるが、$2^{(x+y)} = (2^x) \times (2^y)$ という等式の x と y に1.5を代入してできる

$$2^{1.5} \times 2^{1.5} = 2^{1.5+1.5} = 2^3 = 8$$

という式をじっと睨みつけてみよう。つまり $(2^{1.5})^2 = 8$ なので、$2^{1.5}$ は2乗すると8になる数、つまり $2^{1.5} = \sqrt{8} = 2\sqrt{2} = 2.828\cdots$ と計算できる。$2.828\cdots$ は3よりも小さい、

CHAPTER 4 音階と連分数

つまり $2^{1.5}<3$、だから $2^t=3$ ならば $2^{1.5}<2^t$ となり、どうやら $1.5<t$ となりそうだ。

では、$2^{1.6}$ と 3 を比べると、どちらが大きいだろうか？ 今度は $2^{1.6}$ を 2 乗しても簡単にならないので、ちょっと洞察が必要だ。まず n と m を自然数として

$$(2^n)^m = \overbrace{2^n \times 2^n \times \cdots \times 2^n}^{m\text{個}}$$
$$= \overbrace{\overbrace{2 \times \cdots \times 2}^{n\text{個}} \times \overbrace{2 \times \cdots \times 2}^{n\text{個}} \times \cdots \times \overbrace{2 \times \cdots \times 2}^{n\text{個}}}^{m\text{個}}$$
$$= \overbrace{2 \times 2 \times \cdots \times 2}^{nm\text{個}}$$
$$= 2^{(nm)}$$

という等式が成り立つ。つまり $(2^n)^m = 2^{(nm)}$ というわけだ。ここで、想像力を働かせて、同じ等式が自然数でない場合でも成り立つだろうと考えてみると、$(2^{1.6})^5 = 2^8 = 256$ となる。つまり $2^{1.6}$ とは 5 乗すると 256 になるような数のことだ、というのである。実はこれ、指数関数の有理数での値の定義である。すなわち

定義 5

a、b が自然数なら、$2^{(a/b)}$ は、b 乗すると 2^a になるような正の数のこと、と定義する。

---

5 乗すると 256 になるような正の数のことを、256 の 5 乗根とよび、$\sqrt[5]{256}$ と書く。$2^{1.6} = 2^{(8/5)} = \sqrt[5]{2^8}$ つまり、$2^{(a/b)} = \sqrt[b]{2^a}$ と定義したわけだ。実際、こう定義すれば

$$\left(2^{(a/b)}\right)^b = \left(\sqrt[b]{2^a}\right)^b$$
$$= 2^a$$
$$= 2^{(a/b)\cdot b}$$

となり、$(2^n)^m = 2^{(nm)}$ という公式がこの場合にも拡張されたことがわかる。定義5のように決めておけば、全ての有理数 n と m に対して $(2^n)^m = 2^{(nm)}$ という等式が成り立つのである。また、この定義から計算すると

$$2^{1.5} = 2^{(3/2)} = \sqrt[2]{8} = \sqrt{8} = 2\sqrt{2}$$

となり、既に定めた $2^{1.5}$ の値とも一致している。

さて、$2^{1.6}$ の意味がわかったので、$2^{1.6}$ と3の大小を比べたいわけだが、$2^{1.6}$ の定義通りの値、つまり256の5乗根を計算するのは大変だ。そのかわりに両方とも5乗して大小を比べよう。$2^{1.6}$ の5乗は $2^8 = 256$、$3^5 = 3 \times 3 \times 3 \times 3 \times 3 = 243$ なので、$2^{1.6}$ の方が少し大きい。よって $3 = 2^t$ なら $2^{1.5} < 2^t < 2^{1.6}$ となることがわかった。つまり $1.5 < t < 1.6$ であり、$t = 1.5\cdots$ と小数点以下1桁目まで t の値が求まった。

さらにこの方法で頑張れば、小数点以下2桁、3桁、と順に調べていくことは原理的には可能である。四則演算ができる8桁の電卓を使えば20分程でこの t の値を小数点以下6桁くらいまで計算する方法があるので、付録5（301ページ）に紹介しておいた。その付録の計算方法を用いれば

$$\log_2 3 = 1.584962\cdots$$

というように値を求めることができる。

さて、「電卓があれば20分程で対数が計算できる」と言われても、全然嬉しくない。対数のメリットは、面倒な掛け算

の計算を足し算に帰着させることだったはずなのに、電卓があれば最初から掛け算だって一瞬で解けてしまうからだ。実のところ、ネピアーとその後継者ブリッグスが何をしたかというと、何十年もかけて対数関数の数表を作成し、発表したのである。

本書では、あとで 2 を底にした対数の値が鍵になってくるので 2 を底として対数関数を紹介したが、ブリッグスが 1624 年に発表した対数表は 10 を底とした小数点以下 14 桁のものであった。もちろん電卓なんか存在しない時代、この対数表は「天文学者の寿命を 2 倍にした」と賞賛されたのであった。

本書のテーマは「分数の底力」だが、この対数の話は、まさに「小数の底力」を見せつける議論だ。実際、この頃発明された 10 進法の小数表記は、対数表の使用とともに社会に広まっていったのである。

ちなみに、志賀浩二著『数の大航海』によると、ティコ・ブラーエが使っていた「掛け算を足し算に変換する術」とは

$$2\sin A \sin B = \cos(A-B) - \cos(A+B)$$

という公式と、三角関数の数表とを用いる、というものだったらしい。また、志賀浩二先生は「ネピアーが

$$AB = \left(\frac{A+B}{2}\right)^2 - \left(\frac{A-B}{2}\right)^2$$

という等式に気付いて、『n を見れば、$\left(\frac{n}{2}\right)^2$ がすぐにわかる表』を作ってしまっていたら、対数は生まれなかったかもしれない、危ない危ない」と鋭い指摘をしている。A と B の積を計算するのに、$A+B$ の値と $A-B$ の値を調べて、引き算すれば AB が求まるので、「足し算(とちょっと引き算)だけで掛け算を計算する」という目的のためにはこれで十分なのだ。

しかし、対数の威力は掛け算だけにとどまらない。足し算と掛け算が対応するのであれば、引き算は割り算に対応する。また、さきほど $\log_2 3$ の値を計算する際に「256 の 5 乗根は計算するのが大変なので」と 5 乗根の計算を避けたが、もし対数表があれば、5 乗根は 5 での割り算と同じことなので、$\sqrt[5]{256} = 3.03143\cdots$ の値も即座に表から読み取れていたことになる。

まず $\log_{10} 256 = 2.4082399\cdots$ を読み取りそれを 5 で割って 0.4816 4799$\cdots$、最後に対数表で、どの数の対数が 0.48164799$\cdots$ になっているかを読み取れば（ここは 10^t の逆関数の表を逆向きに使うことによって 10^t の表として使っている）、3.03143 という値が求まる。

対数表を使わなくても、「掛け算の世界と足し算の世界を行ったり来たりできる」対数の面白さを実感できるのが、**計算尺**だ。一番単純な計算尺は、右の図のように、対数目盛り、すなわち端から長さ $\log n$ のところに n と目盛りを付けた定規である（対数の底は 1 以外何を選んでもスケールが変わるだけな

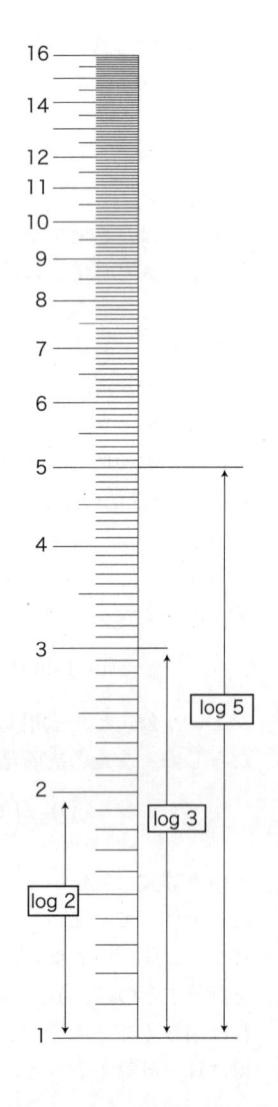

134

CHAPTER 4　音階と連分数

ので、省略する)。

　私が高校生の頃は学校で計算尺の使い方を習ったものだが、今では計算尺のことを知らない人も多いのではないか。何しろ「けいさんじゃく」とワープロで打ち込んだら「計算弱」と変換されてしまったくらいだ。

　計算尺の使い方は、2つの目盛りを並べて図のようにスライドさせるだけだ。

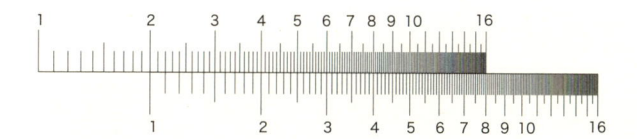

　下の定規の1と上の定規の2をぴったり合わせると、下の定規の目盛り n のところに上の定規の目盛り $2n$ がぴったり合っていることがわかる。これによって $2n$ の値が定規の目盛りから読み取れるわけだ。2倍だと計算が簡単過ぎてつまらないが、1.6倍とか3.1倍とか、あるいは逆に読めば割り算も、定規で計算できてしまう。こんな定規だけで計算ができてしまう理由は、次の図を見てもらえばわかるだろう。

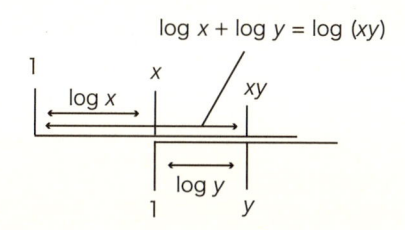

$$\log x + \log y = \log (xy)$$

　定規を合わせることで長さの足し算をしているのだが、対数の世界での足し算は目盛りの世界での掛け算をあらわしているので、この対数目盛り定規で掛け算が計算できてしまう

135

というわけだ。

　私の父は機械の設計をする技術者で、仕事で使う計算尺を見せてもらったことがある。三角関数なども計算できるよう様々な目盛りがついた精密な道具で、子供の私は触らせてもらえなかった。「四則演算のできる電卓が、何と 10 万円を切った！」とテレビで宣伝していた時代、プロの技術者はこんな道具で計算をしていたのだ。

コラム8　ネピアーこぼればなし

　ティッシュペーパーのネピアと対数関数を発見したジョン・ネピアーは関係がある。ネピアー家の末裔、ジョンの5代後のチャールズ・ネピアー将軍がイギリスの対アフガニスタン戦争で大戦果をあげ、今のパキスタンにあたるシンド地方を奪い取った。ちょうどそのころ、ニュージーランドのマオリの都市にイギリス人が入植し、ネピアー将軍を記念して「ネピアー市」と名付けた。

　その後王子製紙が新しいブランドを立ち上げるにあたって、覚えやすくてまだ使われていない名前を探していたが、たまたまパルプ工場のあるネピアー市の名前が覚えやすくて、しかもまだ使われていない、ということで王子ネピア株式会社を設立したのである。ちなみにネピアー市は Napier だが、王子製紙のネピアは Nepia だ。

　豆知識をもうひとつ。ジョン・ネピアーは生前は対数の発明よりも宗教書で知られていた。『ヨハネの黙示録についての明白な発見』という書物でカトリックの法王が悪魔であることを数学的に証明してベストセラーになり、プロテスタントの布教に貢献したのであった。

練習問題13

(1) t を入力すると $t+3$ を出力するような関数の逆関数を求めよ。

(2) t を入力すると $2t$ を出力するような関数（2倍関数とよぼう）の逆関数を求めよ。

(3) t を入力すると、t を2倍して3を足し、さらに5倍してから15を引いた値を出力する、という関数の逆関数を求めよ（この逆関数を頭の中でぱっと計算できるならば、「何でもいいから数を思い浮かべて下さい。それを2倍して、3を足して下さい。さらにそれを5倍して、15を引いて下さい。その答えは何ですか？」と尋ねて、答えを聞くや否や「あなたが最初に思い浮かべた数はこれでしょう！」と数当てをする手品ができる）。

（解答は316ページ）

練習問題14

次の値を求めよ。

(1) $\log_2 10 - \log_2 5$
(2) $\frac{1}{2} \log_2 12 - \log_2 \sqrt{3}$
(3) $\dfrac{\log_2 9}{\log_2 3}$

（解答は316ページ）

結論

対数関数と指数関数により、足し算の世界と掛け算の世界との間を行ったり来たりできる。

2. 人間の耳は対数耳

人間の感覚を数直線上にあらわそうとすると、その目盛りの間隔は均一ではないようだ。例えば、普段 30 グラムのボールペンを使っている人が急に 60 グラムの万年筆を使ったら随分重いと感じるはずだが、20 キログラムのリュックサックを背負って山登りをしている人が、リュックのポケットに入れた 30 グラムのボールペンを落っことしても、その重さの違いに気付くことはなさそうだ。

同じ 30g の差でも、60g 付近と
20 kg 付近では区別のしやすさが違う

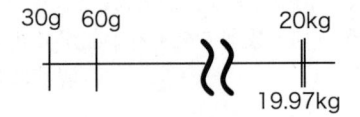

```
30g  60g              20kg
 |    |      ))        |
                    19.97kg
```

計算尺と同じように、数字が大きいところの方が、目盛りの幅が詰まっているようなのである。ウェーバー=フェヒナーの法則というのによれば、人間の感覚は計算尺と同じく対数目盛りになっているのだそうだ。

対数目盛りだということがはっきりわかるのが、人間の聴覚だ。まずドレミファソと声に出して歌い、次にソラシドレ、と歌う。そしてその次に、「ソラシドレ」の音程で、「ドレミファソ」と歌ってみよう。これはハ長調からト長調に転調したことにあたり、ソラシドレでもドレミファソでも、音程の間隔は同じ、つまりソラシドレはドレミファソをより高い音程に平行移動したものである、と感じられる。ところが周波数の目盛りでドレミファソとソラシドレを見てみると、ソラシドレの方がドレミファソよりも間隔が広まっている。それ

CHAPTER 4　音階と連分数

だけでなく、同じドレミファソでも1オクターブ変わると間隔が違うことがわかる。

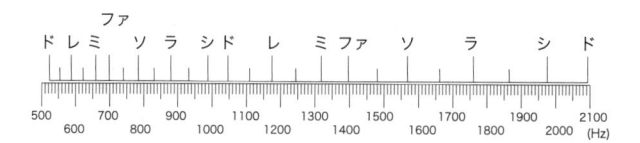

```
       ファ
ドレミ   ソ   ラ   シド   レ    ミファ   ソ      ラ       シ      ド
|||||||||||||||||||||||||||||||||||||||||||||||||||||||||||||||
500   700   900    1100   1300   1500   1700   1900
   600   800   1000   1200   1400   1600   1800   2000 (Hz)
```

　実際、ドレミファソを高い音程に平行移動してソとドをぴったり合わせてみると、ソラシドレとドレミファソは違う間隔になっていることがわかる。

周波数を均一にした目盛りでは、ドレミファソの音程差と
ソラシドレの音程差は等しくならない。

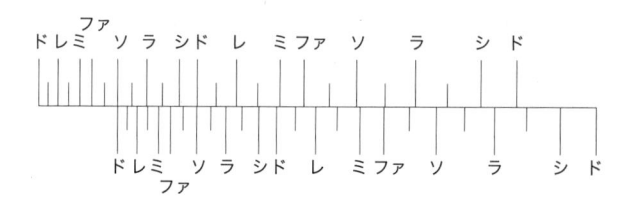

```
    ファ
ドレミ  ソ   ラ   シド   レ    ミファ    ソ        ラ        シ       ド
             ドレミ   ソ    ラ    シド    レ      ミファ     ソ       ラ       シ       ド
              ファ
```

　そこで次にウェーバー=フェヒナーの法則に従って、周波数の対数で目盛りを取ってドレミの音程を調べてみよう。

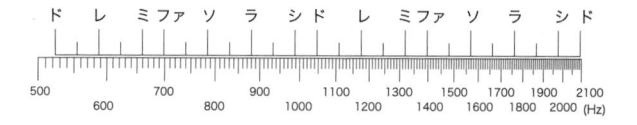

```
  ド    レ   ミファ  ソ   ラ  シド   レ   ミファ  ソ   ラ  シド
|||||||||||||||||||||||||||||||||||||||||||||||||||||||||||||
500         700       900       1100     1300    1500  1700 1900  2100
      600      800      1000     1200    1400   1600  1800 2000 (Hz)
```

　この目盛りでは、音程が均等に並んでいることがわかる。

短い目盛りであらわされているのは半音、ピアノの鍵盤でいうと黒鍵にあたる音程だ。ピアノの鍵盤と対数目盛りのドレミを比べてみると、きれいに対応していることが見て取れる。

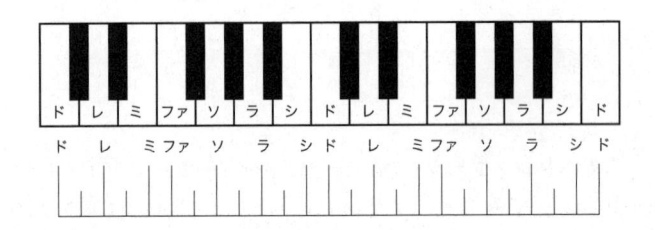

この対数目盛りで見れば、ドレミファソの音程を上げるとソラシドレの音程とぴったり合う。

周波数の対数を均一にする目盛りでは、
ドレミファソの音程差とソラシドレの音程差は等しい。

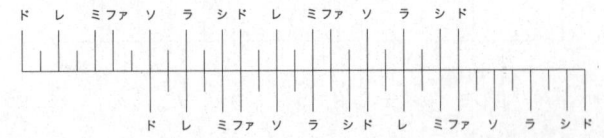

対数を取った世界（足し算引き算の世界）で差が同じということは、元の掛け算割り算の世界では比が同じということなので、ドレミファソの周波数の比と、ソラシドレの周波数の比が同じであることがわかる。つまり

ド：レ：ミ：ファ：ソ＝ソ：ラ：シ：ド：レ

ただし、ドとかレとかは、それぞれの音程の周波数をあらわす。また、対数目盛りで見れば、全ての半音の間隔が同じ、

CHAPTER 4 音階と連分数

すなわち周波数の比が同じになっていることがわかる。実際どこで測っても、半音上がると（例えばミからファ、シからドへ上がるとそれぞれ）周波数が1.059463…倍、全音上がると（例えばドからレ、レからミへ上がるとそれぞれ）周波数が1.059463…×1.059463…＝1.122462…倍になっている。このように、人間の耳は一定の比で上がっていく周波数差を一定の音程差と聞き取る仕組みになっている、つまり周波数の対数目盛りで音楽を聞き取っているのである。

| 結論 |

人間の耳は音の高さを聞き取るときに、周波数そのものではなく、周波数の対数を聞き取っている。

3．ピタゴラス音律

人間の耳が「音程の間隔」として聞き取るのは、周波数の差ではなく、周波数の比である。そのことに最初に気付いたとされるのはピタゴラス（紀元前569–紀元前475頃）だ。

伝説によれば、ピタゴラスが鍛冶屋の前を通りかかったとき、不思議な現象に気付いたという。鎚で打つ音が重なったときに、協和して聞こえるものとそうでないものとがあったのである。ピタゴラスが鍛冶屋に頼んで、鎚の重さを測らせてもらったら、協和する音の場合は、鎚の重さの比が1:2や1:3のようにきれいな整数比になったという。興味を持ったピタゴラスは研究を重ね、現在のドレミの音階の原型となるピタゴラス音律を編み出したことになっている。

この話は、実は辻褄が合わない。周波数に直接関係あるのは鎚（あるいは叩かれる石）の長さであって、重さではない

からだ。実際にはハープの原型となったリラという弦楽器で、弦の長さの比を測ってこの現象を発見したのだろう。ピタゴラスを音楽の祖に祭り上げようとしたピタゴラス学派の人たちが、楽器を使わないストーリーをでっちあげたのかもしれない。あるいは、ピタゴラス以前、遅くとも紀元前15世紀にはエジプトでリラが使われていたことは壁画などからわかっているので、先進国エジプトやバビロニアに滞在したとされるピタゴラスが、そこで既に知られていた音楽理論をギリシア文化圏に伝えただけなのかもしれない。

　伝説の真偽はよくわからないが、ピタゴラス学派による数学的音楽理論を源流として、現在の音楽理論（特に西洋音楽理論）が形作られていった。

　では、ピタゴラスが発見したとされる周波数比 1:2 や 1:3 の和音は、どのように聴こえるのだろうか？　まず周波数比が 2 倍の音程差とは、ちょうど 1 オクターブだ。ドとひとつ上のド、あるいはソと 1 つ上のソとの周波数の比がぴったり 1:2 なのである。

　人間がなぜ 2 倍の周波数比を 1 オクターブの差、つまり「同じ音階」と聞き取るのか、その理由はまだよくわかっていない。ひとつ考えられる理由が、音の構造だ。ひとつに聴こえる音も、実は多くの倍音が重なり合ってできているのだ。例えば 100 ヘルツの音とは 1 秒間に空気が 100 往復振動する音だが、コンピューターなどで機械的に純粋に作り出した音を除けば、その倍音、すなわち 200 ヘルツ、300 ヘルツ、400 ヘルツ、……という周波数の音が重なり合い、それが波形の違い、あるいは音で言えば音色の違いとしてあらわれるのだ。

CHAPTER 4 音階と連分数

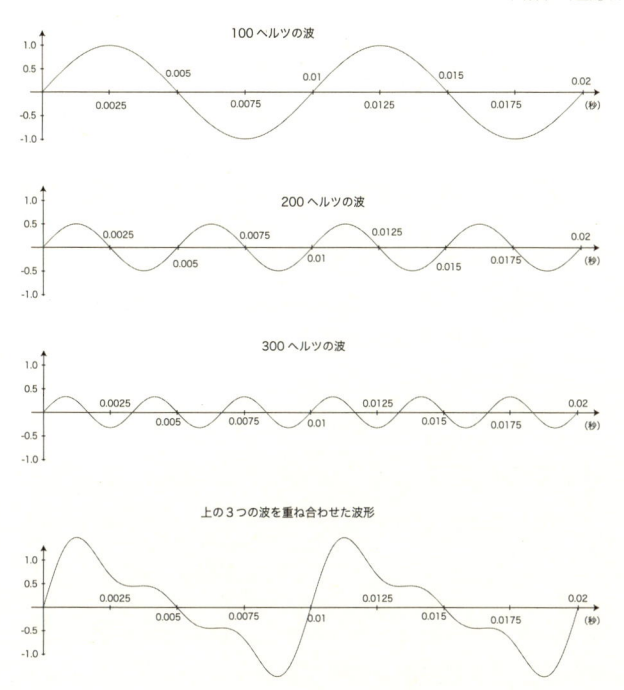

[100 ヘルツの波]

[200 ヘルツの波]

[300 ヘルツの波]

[上の 3 つの波を重ね合わせた波形]

　100 ヘルツ、200 ヘルツ、300 ヘルツの波を重ね合わせて作ったのが一番下の波形だ。周期でいうと 0.01 秒で 1 往復しているので、音で聞くと 100 ヘルツに聴こえるが、その中に 200 ヘルツ、300 ヘルツの波が含まれているので、同じ 100 ヘルツでも一番上と波形が違っている。1:2 の周波数比を持つ 2 つの音は倍音を多数共有するので、よく似た音として認識されるのではないか、というのが有力な説である。

　1:2 に限らず、周波数の比が簡単な整数の比になる 2 つの音は、同じ理由でよく協和して美しい和音になる、というのは

143

自然な想定であろう（どういう和音が美しいか、ということは数学的には証明できないことなので、以下あくまでも「周波数の比が簡単な整数の比になる2つの音は、よく協和して美しい和音になる」という「原理」は仮説として扱う。しかし、いろいろな状況証拠からしてどうも正しそうだ、と筆者は感じている）。

1:2が1オクターブなら、1:3は何だろう？ これはドとソの周波数比となる。より詳しくは、ド と、1オクターブより上のソとの間の周波数比だ。

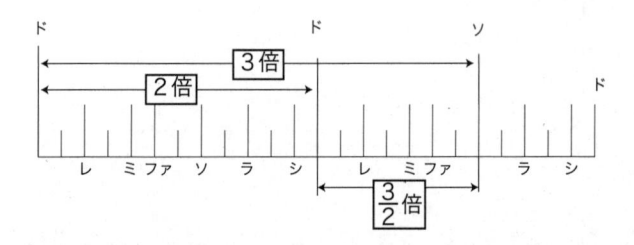

言い換えるとドレミファソのドとソの間の周波数の比は2:3になる。周波数の比が簡単な整数なので、ドとソはよく協和し、美しい和音となる。ピタゴラス音律はこのド:ソ＝2:3の関係をもとに全ての音程を決めていく方法である。つまり

ド:レ:ミ:ファ:ソ＝ソ:ラ:シ:ド:レ

なので、ソ:レ＝ド:ソ＝2:3となり、同様にレ:ラ＝ラ:ミ＝ミ:シ＝2:3とする。一方、ドから逆に遡って、ファ:ド＝2:3と定めることにして、次の図が得られる。

この表で、ドレミファソラシドの全ての音程、つまり互いの周波数の比が定まる。例えばドレミのドとレの間の周波数比を求めてみよう。〇をつけたドの音から $\frac{3}{2}$ 倍周波数を上

CHAPTER 4 音階と連分数

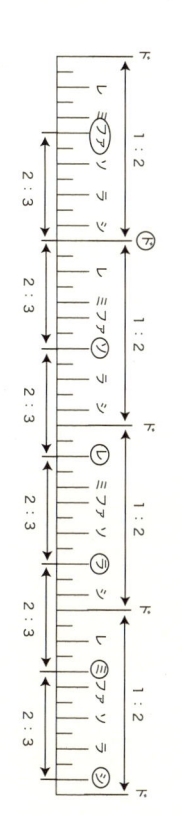

げて、○をつけたソの音まで行く。もう一度 $\frac{3}{2}$ 倍周波数を上げると、○を付けたレの音まで行く。よって、○のついたドとレの間の周波数比は $\frac{3}{2} \times \frac{3}{2} = \frac{9}{4}$ 倍になる。しかし○のついたレは○のついたドから1オクターブ上のレなので、「ドレミのドとレの周波数比」を求めるためには、1オクターブ下げないといけない。つまり $\frac{9}{4}$ を2で割って、$\frac{9}{4} \div 2 = \frac{9}{8}$ 倍、これがドレミのドとレの間の周波数比だ。

同様に、レとミの間の周波数の比も 8:9 になることがわかる。一方、ミとファは、○がついているミが右端、○がついているファが左端、と左右に広く離れているので大変だ。○のついた音階で、ミから始まって、ラ、レ、ソ、ド、ファと5回左へ移動して、つまり周波数を5回続けて $\frac{2}{3}$ 倍するとファの音程になる。したがってその周波数比、つまり○のついたミと○のついたファの周波数比は $\overbrace{\frac{2}{3} \times \frac{2}{3} \times \frac{2}{3} \times \frac{2}{3} \times \frac{2}{3}}^{5個} = \frac{32}{243}$ 倍。この○のついたファは元の○がついたミの3オクターブ下の音なので、もう一度3オクターブ上へ戻して、つまり $2 \times 2 \times 2 = 8$ 倍して、$\frac{32}{243} \times 8 = \frac{256}{243}$ 倍、これが「ドレミファソのミとファの間の周波数比」ということになる。

同様にひとつひとつ見ていけば、ファ：ソ＝ソ：ラ＝ラ：シ＝8:9 となり、シ：ド＝243:256 となることが読み取れる。

ドの周波数を1とすると、ピタゴラスの音律のドレミファソラシドの周波数は次の図のようにあらわされる。

ピタゴラス音律

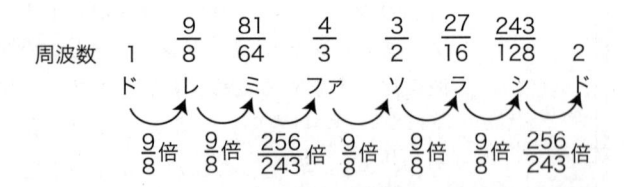

周波数　1　$\frac{9}{8}$　$\frac{81}{64}$　$\frac{4}{3}$　$\frac{3}{2}$　$\frac{27}{16}$　$\frac{243}{128}$　2
　　　　ド　レ　ミ　ファ　ソ　ラ　シ　ド

$\frac{9}{8}$倍　$\frac{9}{8}$倍　$\frac{256}{243}$倍　$\frac{9}{8}$倍　$\frac{9}{8}$倍　$\frac{9}{8}$倍　$\frac{256}{243}$倍

注意しておくと、この周波数比、つまりピタゴラス音律は、現在の楽器で使われている平均律と微妙に異なる。平均律の説明はあとまわしにして、対数目盛りで並べてみると下図のようになる。

対数目盛りによる、現在の楽器の音律、つまり平均律（上）と
ピタゴラス音律（下）の比較

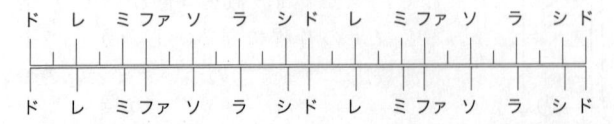

ド　レ　ミ　ファ　ソ　ラ　シ　ド　レ　ミ　ファ　ソ　ラ　シ　ド

ド　レ　ミ　ファ　ソ　ラ　シ　ド　レ　ミ　ファ　ソ　ラ　シ　ド

ミとシのところで多少ズレが大きいのが目につく。

さて、ピタゴラスの音律は、「周波数が簡単な整数比になる2つの音はよく協和する」という原理から生み出された。ところがド：ソ＝2：3にこだわったために、分母分子の値としてかなり大きなものが含まれているのが目につく。例えばドミソは今では和音の典型だと思われているが、ピタゴラス音律では周波数の比が

CHAPTER 4　音階と連分数

$$ド：ミ：ソ = 1 : \frac{81}{64} : \frac{3}{2} = 64 : 81 : 96$$

と 2 桁の数が出てくるため、ドミソは不協和音だと思われていた。5 度と 4 度、つまり「ドとソ」と「ドとファ」(あるいはそれを転調したもの)のみが和音だと考えられていたのだ。

実際、ピタゴラス音律で、これらの組み合わせだけが 2:3、3:4 という簡単な整数の比になっている。ところがド：ミ：ソ = 64:81:96 という比率をよく見ると、ミの 81 を 80 で取りかえればド：ミ：ソ = 64:80:96 = 4:5:6 と簡単な整数比となり、ドミソが美しい和音になる。15 世紀にイギリスの作曲家**ダンスタブル**によってこの和音が使われたのが「甘美な響き」としてたちまち広まり、このアイデアに基づいた**純正律**という音律が生み出された。

$$純正律におけるド：ミ：ソ = 4:5:6$$

この純正律でドの周波数を 1 とすると、純正律のドレミファソラシドの周波数は次のようにあらわされる。

純正律

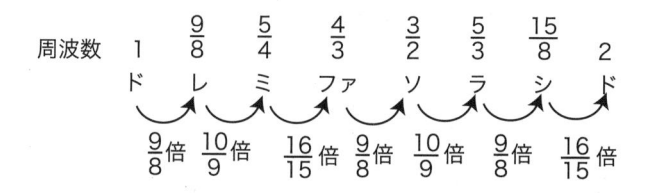

周波数　$1\quad \frac{9}{8}\quad \frac{5}{4}\quad \frac{4}{3}\quad \frac{3}{2}\quad \frac{5}{3}\quad \frac{15}{8}\quad 2$
　　　　ド　レ　ミ　ファ　ソ　ラ　シ　ド

$\frac{9}{8}$ 倍　$\frac{10}{9}$ 倍　$\frac{16}{15}$ 倍　$\frac{9}{8}$ 倍　$\frac{10}{9}$ 倍　$\frac{9}{8}$ 倍　$\frac{16}{15}$ 倍

分母分子の値が小さくなり、周波数の比率が簡単な整数比になったので、「簡単な整数比が美しい和音になる」という原理からすると、和音の数が飛躍的に増える。

対数目盛りによる、現在の楽器の音律、つまり平均律（上）と純正律（下）との比較

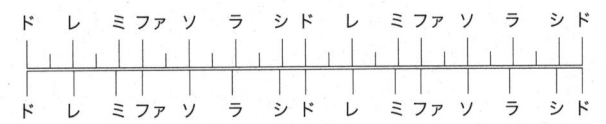

```
ド  レ  ミファ ソ  ラ  シ ド  レ  ミファ ソ  ラ  シ ド
|   |   | |   |   |   | |   |   | |   |   |   | |

ド  レ  ミファ ソ  ラ  シ ド  レ  ミファ ソ  ラ  シ ド
```

ミとラとシのところで多少ズレが大きい。面白いことに、ピタゴラス音律とは逆の方向にずれている。

ルネッサンス期の音楽は純正律の導入により大きく変わったが、純正律には問題もあった。転調が難しいのである。例えばド：レ＝8：9なのに、レ：ミ＝9：10となり、同じ「全音」でも音程の差に違いがあるので、転調すると微妙に違うメロディーになったり、きれいな和音だったのが不協和音になってしまったりする。特にピアノのような鍵盤楽器を純正律で調律してしまうと、使える調が限られて非実用的だ。そこで使える調を増やそうと様々な音律が工夫された。

転調を自由にすることが目標ならば、数学的には簡単に解決できる。1オクターブを等分すればよい。それが現在広く使われている**平均律**だ。16世紀の後半に**ステヴィン**が考案し、1636年には**メルセンヌ**が平均律についての書を著した。1オクターブ＝1：2の音程差を対数の世界で12等分し、次のように音程を定める。

12音階平均律

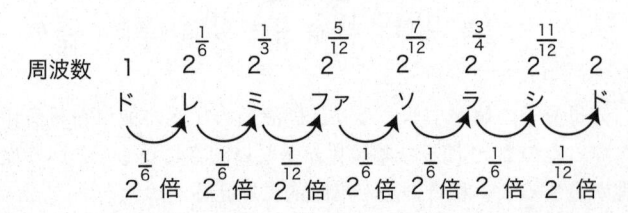

周波数　$1 \quad 2^{\frac{1}{6}} \quad 2^{\frac{1}{3}} \quad 2^{\frac{5}{12}} \quad 2^{\frac{7}{12}} \quad 2^{\frac{3}{4}} \quad 2^{\frac{11}{12}} \quad 2$

　　　　ド　レ　ミ　ファ　ソ　ラ　シ　ド

$2^{\frac{1}{6}}$倍　$2^{\frac{1}{6}}$倍　$2^{\frac{1}{12}}$倍　$2^{\frac{1}{6}}$倍　$2^{\frac{1}{6}}$倍　$2^{\frac{1}{6}}$倍　$2^{\frac{1}{12}}$倍

CHAPTER 4 音階と連分数

　対数の世界で 12 等分するということは、2 の 12 乗根を取るということなので、全音 = $2^{(1/6)}$ 倍、半音 = $2^{(1/12)}$ 倍とする。なぜ 12 なのか？　これはピタゴラスのドとソの音程差 = 1.5 倍が $2^{(7/12)} = 1.498307\cdots$ に大変近いところからきている。

　ピタゴラス学派もこの 12 という数に気付いていた。ピタゴラス音律を紹介したときに、ド:ソ = 2:3 の比率を繰り返し使って「ド→ソ→レ→ラ→ミ→シ」と順に周波数を定めていく方法をお見せしたが、この手順をさらに続けていくと下の囲みのように 12 回目に「ほぼ」元のドの音程に戻る。正確には、元のドより微妙に音程が高いレ♭♭になる。元に戻らないのは仕方のないことで、ド:ソの音程差 = $\frac{3}{2}$ 倍と 1 オクターブ下げる = $\frac{1}{2}$ 倍を何度繰り返しても分子は奇数、分母は偶数で決して割り切れて 1 になることはない。♭（フラット）は「半音下げる」という記号だが、ピタゴラス音律では「半音」は「全音」の半分よりちょっと小さい音程差なので、ソ♭♭はファより少し音程が高く、レ♭♭はドより少し音程が高くなる。

ピタゴラス音律の構成を先まで続けると……

$\frac{3}{2}$　$\frac{27}{16}$　$\frac{243}{128}$　$\frac{2187}{2048}$　$\frac{19683}{16382}$　$\frac{177147}{131072}$

ド→ソ→レ→ラ→ミ→シ→ソ♭→レ♭→ラ♭→ミ♭→シ♭→ソ♭♭→レ♭♭

1　$\frac{9}{8}$　$\frac{81}{64}$　$\frac{729}{512}$　$\frac{6561}{4096}$　$\frac{59049}{32768}$　$\frac{531441}{524288}$
$=$
$1.0136432\cdots$

　大学のセミナーでピタゴラス音律を扱ったときに、コンピューターでド = 1 とレ♭♭ = $\frac{531441}{524288} = 1.0136\cdots$ の音を鳴ら

して聞き比べをしたことがある。私には全く区別がつかず、他の参加者も「言われてみればレ♭♭の方がちょっと音が高いような気もしますが……」と首をひねる中、吹奏楽部出身の三田君だけが「あ、これは全然音程が違いますね。吹奏楽部の演奏でこれだけ音が違うとたたき出されますよ」とニコニコしている。きちんとした吹奏楽部では、それぞれの音符に対してこのような微妙な音程差の中でどの音律を選ぶかを正確に決めて、整数比の和音が鳴り響くように練習するのだという。

「素人が聞いたらほとんど違いがわからないような音程差も、吹奏楽のコンテストの審査員は聞き分けてしまうんですね」と感心すると、「一人だけズレたら、素人にだってわかりますよ。両方の音を同時に鳴らしてみて下さい」。言われた通りにやってみると、ウワンウワン、と音が唸って確かにとても聞き苦しい。近い周波数の音が重なると、その周波数の差の音が聞こえる「唸り」という現象が発生する。そのとき鳴らしたドとレ♭♭の周波数差は10ヘルツ前後だが、同時に鳴らされると素人でもそのズレをはっきり不快に感じるのである。ピタゴラスが発見した「互いに簡単な整数比にある音がよく協和する」という原理も、きっとここにあるのだろうな、と思った。2つの音が簡単な整数比になっている場合にのみ、倍音どうしでも近い周波数の音はあらわれず、倍音どうしの唸りが発生しないのである。

結論

ピタゴラスが「簡単な整数比であらわされる2音がよく協和する」という原理から、ド：ソ＝2：3という周波数比を繰り返し適用することでピタゴラス音律を作った。

> その後、より簡単な整数比を実現するように改良された純正律があらわれ、さらに転調しやすく改良された平均律があらわれた。

4. 連分数で平均律を読み解く

お待たせしました。いよいよ連分数の登場である。現在ほとんどの楽器で使われている12音階平均律、つまり1オクターブを12等分する音律が採用されている背景には、ピタゴラスの2:3、つまりドとソの音程差が$2^{(7/12)}$に近いことが根拠にあることを見た。つまり

$$\frac{3}{2} \fallingdotseq 2^{(7/12)}$$

である。この両辺の、2を底とした対数を取ると

$$\log_2\left(\frac{3}{2}\right) \fallingdotseq \log_2\left(2^{(7/12)}\right) = \frac{7}{12}$$

となる。

ここまでの音律の記述では「現在使われている12音階平均律がもっとも完成されたものであり、ピタゴラスの音律はそれを生み出す前の古い劣った音律だ」とも読めるかもしれない。しかし、「周波数比が簡単な整数比となる音が、美しい和音として協和して響く」とするピタゴラスの原理に根拠があるとすると話は逆で、ピタゴラスの音律、あるいは純正律こそが、周波数比を簡単な整数比に保つ由緒正しい音律であり、12音階平均律は「転調しやすい」という便利さのために音の響きの美しさを犠牲にした近似に過ぎない、ということになってくる。つまり$\log_2\left(\frac{3}{2}\right)$が正しい数値で、$\frac{7}{12}$がそれの近似分数なのだ。

では $\log_2\left(\frac{3}{2}\right)$ を、連分数を使って近似してみよう。付録5 (301ページ) にある通り、電卓でも $\log_2\left(\frac{3}{2}\right) = 0.584962\cdots$ と求まる。そこでこの値の連分数を計算すると

$$0.584962 = \cfrac{1}{1+\cfrac{1}{1+\cfrac{1}{2+\cfrac{1}{2.25993\cdots}}}} \quad \cdots\cdots(1)$$

$$= \cfrac{1}{1+\cfrac{1}{1+\cfrac{1}{2+\cfrac{1}{2+\cfrac{1}{3.84718\cdots}}}}} \quad \cdots\cdots(2)$$

(1)の式の連分数において「2.25993はおよそ2である」と見れば、$\log_2\left(\frac{3}{2}\right) \fallingdotseq \frac{7}{12}$ となる。12音階平均律は、この近似を用いていると解釈できる。$2^{(7/12)} = 1.498307\cdots$ であり、$\frac{3}{2} = 1.5$ との誤差は約 0.1 パーセントなので、多少高い音でも数ヘルツの誤差、ということになる。

ではもう一段近似の精度を上げて、(2)の式の連分数で「3.84722…はおよそ4である」と見ればどうなるだろう?

$$\log_2\left(\frac{3}{2}\right) = \cfrac{1}{1+\cfrac{1}{1+\cfrac{1}{2+\cfrac{1}{2+\cfrac{1}{4}}}}} = \frac{31}{53}$$

計算してみると

$$2^{(31/53)} = 1.49994\cdots$$

で、誤差 0.004 パーセント程度、これはもう常人の耳では

CHAPTER 4 音階と連分数

全く判別できそうにない。この53音階平均律を使うことにして、ドとソの周波数の比を $2^{(31/53)}$ と定めて、ピタゴラス音律と同様にドレミファソラシドの音階を定めると、次のようになる。

53音階平均律

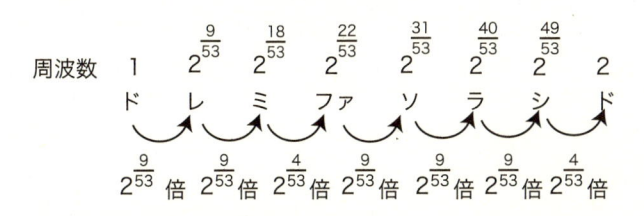

周波数 1 $2^{\frac{9}{53}}$ $2^{\frac{18}{53}}$ $2^{\frac{22}{53}}$ $2^{\frac{31}{53}}$ $2^{\frac{40}{53}}$ $2^{\frac{49}{53}}$ 2
　　　　ド　　レ　　ミ　　ファ　　ソ　　ラ　　シ　　ド

$2^{\frac{9}{53}}$ 倍　$2^{\frac{9}{53}}$ 倍　$2^{\frac{4}{53}}$ 倍　$2^{\frac{9}{53}}$ 倍　$2^{\frac{9}{53}}$ 倍　$2^{\frac{9}{53}}$ 倍　$2^{\frac{4}{53}}$ 倍

全音は全て同じ周波数比 $2^{(9/53)}$ 倍、半音は $2^{(4/53)}$ 倍で、半音の2倍が全音に一致していない。コンピューターで鳴らしてみると、私には12音階平均律よりも美しい音律に聴こえた。レ♭♭とドの区別もつかない男が言うことだから、本気で取っていただく必要はないが。

この音律で、レ♭♭を考えると、$2^{(9/53)}$ から半音2つ分下げるので

$$2^{(1/53)} = 1.013164\cdots$$

これはピタゴラス音律から構成したレ♭♭、つまり $\frac{531441}{524288} = 1.013643\cdots$ に極めて近い。このレ♭♭とドの音程差を「1コンマ」とよぶことを念頭において、次の文章を見てみよう。有名な作曲家、アマデウス・モーツァルトの父親、**レオポルト・モーツァルト（1719-1787）**が書いたバイオリンの教則本からの引用である。

「ピアノでは嬰ト（引用者注：ソ♯）と変イ（引用者注：ラ♭）、変ニと嬰ハ、嬰ヘと変トなどは同音であるが、それはテンペラチュール（調整）のせいである。しかし正しい音程比によると、フラットによって低められた音は全てシャープで高められた音よりも1コンマ高い。（中略）ここでは、よい耳が裁判官でなければならない」

さらに、ほぼ同時代のテュルク（1750-1813）は次のような言葉を残している。

「全音（ハ〜ニ）、つまりハからニまでの隔たりが、9つのコンマに勘定されるのが普通であることを思い出さなければならない」

「ハ」はドであり、「ニ」はレである。レオポルト・モーツァルトとテュルクの言葉が53音階平均律とぴったり話が合っていることがわかる。しかも驚くべきことに「よい耳が裁判官でなければならない」つまり聞きゃわかる、といっているのだ。我々は連分数を使った計算によってようやく53音階に到達したのだが、当時のプロの音楽家の間では、1オクターブの53音階への分割は常識だったのかもしれない。

ちなみに53音階平均律で演奏できる楽器として、日本の物理学者田中正平（1862-1945）が田中式純正調オルガンを発明している。鍵盤の黒鍵が何段階にもわかれている上に、膝で操作できる2種類の「転換柄」で音程を調整するようになっているので、演奏するのは大変そうだ。その上、このオルガンでバッハやベートヴェンの作品を弾こうとする場合は、それぞれの和音が最も美しく響くように楽譜を分析しなければならない。

ここではドとソの間の近似を中心に調べたが、ミとして $2^{(18/53)} = 1.2654\cdots$ のかわりに $2^{(17/53)} = 1.24898\cdots$ を使え

ば、純正律の $\frac{5}{4}=1.25$ にかなり近いので、そう悪くはなさそうだ。田中式純正調オルガンは機械的な仕組みを使ったので操作が大変だったが、電子的に音を制御できるならば、53音階平均律での演奏が簡単にできるようになるかもしれない。

あるいは転調が自由にできる純正律の楽器も作れるだろうか？ 演奏中にその場で和声分析をして自動的に響きが最も美しくなるように周波数を調節してくれる電子楽器もできるかも？ 数学に基づいた楽器が生まれれば、新しい音楽が生み出されるかもしれない。

結論

連分数を使うと、12音階平均律よりも53音階平均律の方が美しい音が奏でられる音律かもしれない、と推測される。

CHAPTER 5

連分数による近似と、その精度

もともとは「数の正体を見破る技術」として紹介した連分数であったが、暦や音階の話ではちょっと違う応用に使われていたことに気付かれたであろうか？ 暦の話では1年の日数 365.24219 日に近い分数を見つけて正確なカレンダーを考えたし、音階では $\log_2\left(\frac{3}{2}\right)$ に近い分数を見つけて、美しい和音の作り方を探った。両方とも連分数が、「与えられた数に近い分数を見つける」という働きをしていたのである。そうやって見つけた分数を、近似分数とよぶ。連分数は近似分数を見つける計算手段としても、とても有能なのだ。この章では、近似分数を見つける手段としての連分数の威力を紹介することにしよう。

1. 近似値 1.23 の精度

まず言葉を用意しておこう。連分数であらわされた数 α があったときに、その分数を途中で打ち切って作った分数を、α の**連分数近似**とよぶ。例えば

$$\alpha = 1 + \cfrac{1}{4 + \cfrac{1}{2 + \cfrac{1}{1 + \cdots}}}$$

のようにあらわされた数 α を考えてみる。

CHAPTER 5　連分数による近似と、その精度

$$1 = 1$$
$$1+\frac{1}{4} = \frac{5}{4}$$
$$1+\cfrac{1}{4+\cfrac{1}{2}} = \frac{11}{9}$$
$$1+\cfrac{1}{4+\cfrac{1}{2+\cfrac{1}{1}}} = \frac{16}{13}$$

などが α の連分数近似となるわけだ。何番目の連分数近似かをはっきりさせたいときは、連分数として表示したときの分数の横棒の本数を数えて、それを**連分数近似の次数**とよぶ。今の α の例だと 1 は α の 0 次近似、$\frac{5}{4}$ は α の 1 次近似、$\frac{11}{9}$ は α の 2 次近似、そして $\frac{16}{13}$ は α の 3 次近似になる。

さて、α という値の近似値が $1.23 = \frac{123}{100}$ となったとしよう。このとき α と $1.23 = \frac{123}{100}$ との差、つまり $|\alpha - 1.23|$ の値がどれくらいなのかを考えてみよう。

1.23 と $\frac{123}{100}$ は値としては同じだが、近似値として与えられた場合、その意味が違う。まず近似値が 1.23 になったといえば、普通は小数点以下 3 桁目を四捨五入して 1.23 になった、という意味だ。3 桁目が 5 以上で、繰り上げて 1.23 になったとすれば $1.225 \leqq \alpha < 1.23$ であり、3 桁目が 4 以下で、切り捨てて 1.23 になったとすれば $1.23 \leqq \alpha < 1.235$ となるので、あわせて $1.225 \leqq \alpha < 1.235$ になる。そのような α の中で 1.23 から一番遠いのは $\alpha = 1.225$ であり（1.235 は四捨五入すると 1.24 になる）、このとき $|\alpha - 1.23| = 0.005 = \frac{1}{200}$ となる。よって α の近似値が 1.23 なら、$|\alpha - 1.23| \leqq \frac{1}{200}$ が誤差の範囲だ。$1.23 = \frac{123}{100}$ は分数表示で分母は 100 になるが、分母 100 を n

とおくと、誤差は $\frac{1}{2n}$ 以下になる。小数表示された数であれば、いつでも同様に、誤差が $\frac{1}{2n}$ 以下である。

コラム9　小数表示の誤差は $\frac{1}{2n}$ 以下

他の数でも、試してみよう。小数表示で $4.567 = \frac{4567}{1000}$ と近似される数は 4.5665 以上 4.5675 未満なので、4.5665 のときの誤差 $0.0005 = \frac{1}{2000}$ が上限となる。また小数近似が $4.56789 = \frac{456789}{100000}$ とあらわされる数は、4.567885 以上 4.567895 未満なので、誤差は最大で $\frac{1}{200000}$ である。

では α を連分数であらわして、連分数近似が $\frac{123}{100}$ になったとしたら、α と $\frac{123}{100}$ の差はどれくらいになるだろう？　まず、$\frac{123}{100}$ を連分数展開してみる。

$$\frac{123}{100} = 1 + \frac{23}{100}$$

$$= 1 + \cfrac{1}{\cfrac{100}{23}}$$

$$= 1 + \cfrac{1}{4 + \cfrac{8}{23}}$$

$$= 1 + \cfrac{1}{4 + \cfrac{1}{\cfrac{23}{8}}}$$

$$= 1 + \cfrac{1}{4 + \cfrac{1}{2 + \cfrac{7}{8}}}$$

CHAPTER 5 連分数による近似と、その精度

$$= 1 + \cfrac{1}{4 + \cfrac{1}{2 + \cfrac{1}{\cfrac{8}{7}}}}$$

$$= 1 + \cfrac{1}{4 + \cfrac{1}{2 + \cfrac{1}{1 + \cfrac{1}{7}}}}$$

だ。そこで、この連分数を適当に延長して、例えば

$$1 + \cfrac{1}{4 + \cfrac{1}{2 + \cfrac{1}{1 + \cfrac{1}{7 + \cfrac{1}{2}}}}}$$

を計算してみると、$\frac{262}{213} = 1.230046948\cdots$ となる。誤差はなんと $0.000046948\cdots < 0.00005 = \frac{1}{20000}$、つまり 20000 分の 1 以下だ。小数近似が 1.23 となる場合と比べて精度が 100 倍高い。α の連分数近似として $\frac{123}{100}$ が出てくるなら、$|\alpha - \frac{123}{100}| < \frac{1}{11300}$ になる（コラム 10 参照）。第 3 節で証明する通り、連分数近似の分母が n なら、誤差は $\frac{1}{n^2}$ 以下になることが確かめられる。

n は 2 よりずっと大きいことが普通なので、$n^2 = n \times n$ は $2n = 2 \times n$ よりもずっと大きくなり、よって $\frac{1}{n^2}$ は $\frac{1}{2n}$ よりずっと小さくなる。連分数近似の精度は、小数近似の精度より圧倒的によいのである。

コラム10　連分数近似

連分数近似として $1.23 = \frac{123}{100}$ を持つような数 α とは、$\frac{230}{187} < \alpha < \frac{139}{113}$ の範囲に入る数のことである。これを証明してみよう。

$\frac{123}{100}$ の連分数展開は

$$\frac{123}{100} = 1 + \cfrac{1}{4 + \cfrac{1}{2 + \cfrac{1}{1 + \cfrac{1}{7}}}}$$

だったので、α を連分数展開して、上と同じ連分数が出てくる第1のパターンは

$$\alpha = 1 + \cfrac{1}{4 + \cfrac{1}{2 + \cfrac{1}{1 + \cfrac{1}{7.\cdots}}}}$$

と書ける場合。このとき、最後の $7.\cdots$ のところが8以上になってしまうと近似分数が $\frac{123}{100}$ ではなく

$$1 + \cfrac{1}{4 + \cfrac{1}{2 + \cfrac{1}{1 + \cfrac{1}{8}}}} = \frac{139}{113}$$

になってしまい、まずい。言い換えると α の値は

$$\frac{139}{113} = 1.23008849\cdots$$

未満でないといけない。これが上の方の限界である。

もう一つ、連分数近似が $\frac{123}{100}$ になるケースがある。

CHAPTER 5　連分数による近似と、その精度

$$\alpha = 1 + \cfrac{1}{4 + \cfrac{1}{2 + \cfrac{1}{1 + \cfrac{1}{6 + \cfrac{1}{1.\cdots}}}}}$$

と書ける場合である。こちらの限界は

$$1 + \cfrac{1}{4 + \cfrac{1}{2 + \cfrac{1}{1 + \cfrac{1}{6 + \cfrac{1}{2}}}}} = \frac{230}{187} = 1.229946524\cdots$$

だ。以上をまとめて、α の連分数による近似分数として $\frac{123}{100}$ が出てくるのは

$$1.22994\cdots = \frac{230}{187} < \alpha < \frac{139}{113} = 1.23008\cdots$$

という範囲に α が入る場合、そしてその場合に限られることがわかる。

$\frac{123}{100} - \frac{230}{187} = \frac{1}{18700}$、$\frac{139}{113} - \frac{123}{100} = \frac{1}{11300}$ なので、α の連分数近似が $\frac{123}{100}$ となるなら、$|\alpha - \frac{123}{100}| < \frac{1}{11300}$ になる。

161

> **結論**
>
> 連分数表示から、近似分数を作ることができる。小数近似と比べて連分数による近似は精度が非常に高い。

2．連分数近似の精度

連分数近似の精度がよい理由をご説明しよう。ポイントは2つある。

[ポイント1] 偶数次近似は正しい値よりちょっと小さめの近似であり、奇数次近似は正しい値よりちょっと大きめの近似である。つまり0次近似はちょっと小さめ、1次近似はちょっと大きめ、2次近似はちょっと小さめ、3次近似はちょっと大きめ、というように、小さめの近似と大きめの近似が交互にあらわれる。

[ポイント2] 隣り合った近似どうしの差は非常に小さい。例えば2次近似と3次近似の差、3次近似と4次近似の差、などなどは、分母が小さい割には差が小さい（「非常に小さい」という言葉の正確な意味は、下の説明をご覧下さい）。

この2つのポイントを押さえれば、連分数の近似の精度がよいことが次のように説明できる。例えば3次近似を考えよう。3は奇数なので、3次近似は正しい値よりちょっと大きめである。一方、その次の4次近似は正しい値よりもちょっと小さめである。ということは、正しい値は3次近似と4次近似の間に入る。しかも3次近似と4次近似との差は非常に小さいので、数直線上で次の図のようになる。

CHAPTER 5 連分数による近似と、その精度

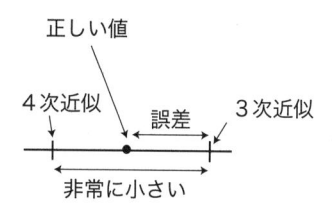

3次近似と正しい値との距離、つまり3次近似の誤差は、図から非常に小さくなることがわかるので、［ポイント1］と［ポイント2］さえ示されれば連分数近似の精度が高いことが保証できるのである。

ではまず［ポイント1］の説明にとりかかろう。連分数による近似分数は、「ちょっと小さめ」と「ちょっと大きめ」が交互にあらわれることを確かめる。例として $\alpha = 2.137$ という値が正しい値として、連分数で近似することを考える。α を整数部分と小数部分にわけて

$$2.137 = 2 + 0.137$$

この時点で、0次近似が求まっている。すなわち、$\alpha = 2.137$ の整数部分、2である。0次近似とは正しい数の整数部分のことなのである。言い換えると小数点以下1桁目を切り捨てた値が0次近似だ。よって0次近似は正しい値よりもちょっと小さい、ということになる。

次に α の1次近似を求めよう。そのために α の小数部分 0.137 の逆数を計算し

$$2 + 0.137 = 2 + \frac{1}{7.299\cdots} = 2 + \frac{1}{7 + 0.299\cdots}$$

となる。この分母の 7.299… の小数部分を切り捨てて $2 + \frac{1}{7}$ とした（つまり 7.299… の0次近似分数を分母とした）

値が α の 1 次近似分数である。この分母の 7 は、正しい値 7.299… の小数部分を切り捨てた値なので（あるいは 0 次近似分数なので）、正しい値よりもちょっと小さくなる。その逆数を取ると大小が反転するので、$\frac{1}{7}$ は正しい値 $\frac{1}{7.299\cdots}$ よりもちょっと大きくなる。両方に 2 を加えても大小関係は変わらないので、1 次近似分数 $2+\frac{1}{7}=2.1428\cdots$ は正しい値 $\alpha=2+\frac{1}{7.299\cdots}=2.137$ よりもちょっと大きくなるのである。

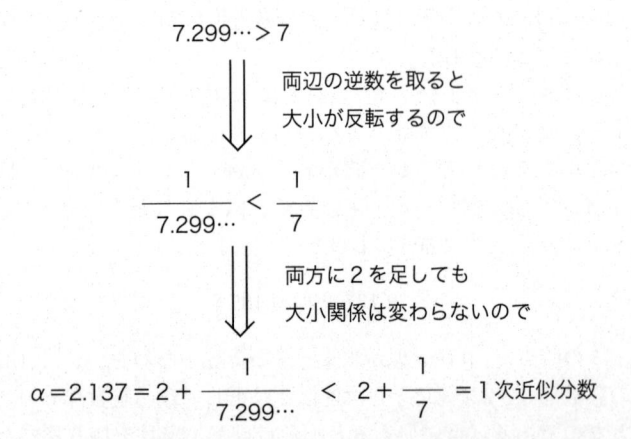

$$7.299\cdots > 7$$

両辺の逆数を取ると
大小が反転するので

$$\frac{1}{7.299\cdots} < \frac{1}{7}$$

両方に 2 を足しても
大小関係は変わらないので

$$\alpha = 2.137 = 2+\frac{1}{7.299\cdots} \ < \ 2+\frac{1}{7} = 1 次近似分数$$

よって、1 次近似分数は正しい値よりもちょっと大きくなる。

次に、2 次近似分数について調べてみよう。そのために α の連分数の計算をもうワンステップ進めて

$$\alpha = 2+\frac{1}{7+0.299\cdots} = 2+\frac{1}{7+\frac{1}{3.3414\cdots}} = 2+\frac{1}{7+\frac{1}{3+0.3414\cdots}}$$

この一番最後の 0.3414… を切り捨てた $2+\cfrac{1}{7+\cfrac{1}{3}}$ が 2 次近似分数だ。これが正しい値 α より大きいか小さいかを考えた

CHAPTER 5　連分数による近似と、その精度

いわけだが、$7+\frac{1}{3}$ は $7+\cfrac{1}{3.3414\cdots} = 7.299\cdots$ の 1 次近似分数になっていることに注意しよう。1 次近似分数は正しい値よりもちょっと大きくなることがわかっているので

$$7.299\cdots < 7+\frac{1}{3} = [7.299\cdots の 1 次近似分数]$$

⇓ 両辺の逆数を取ると大小が反転するので

$$\frac{1}{7.299\cdots} > \frac{1}{[7.299\cdots の 1 次近似分数]}$$

⇓ 両方に 2 を足しても大小関係は変わらないので

$$\alpha = 2.137 = 2 + \frac{1}{7.299\cdots} > 2 + \frac{1}{[7.299\cdots の 1 次近似分数]}$$

$$= \alpha の 2 次近似分数$$

となり、2 次近似分数は正しい値よりもちょっと小さくなる。

以下同様に考えて、α の n 次近似分数を計算するためには $7.299\cdots$ の $(n-1)$ 次近似分数がわかればよいことがわかる。すなわち

$$[\alpha の n 次近似分数] = 2 + \frac{1}{[7.299\cdots の (n-1) 次近似分数]}$$

という式が成り立つ。実際

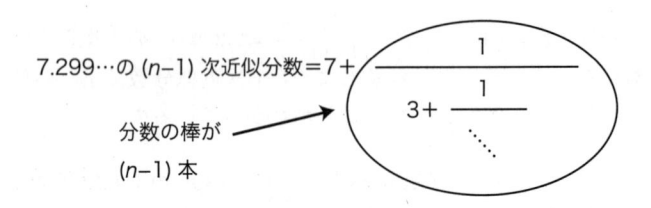

$$7.299\cdots \text{の}(n-1)\text{次近似分数} = 7 + \cfrac{1}{3 + \cfrac{1}{\cdots}}$$

分数の棒が $(n-1)$ 本

なので

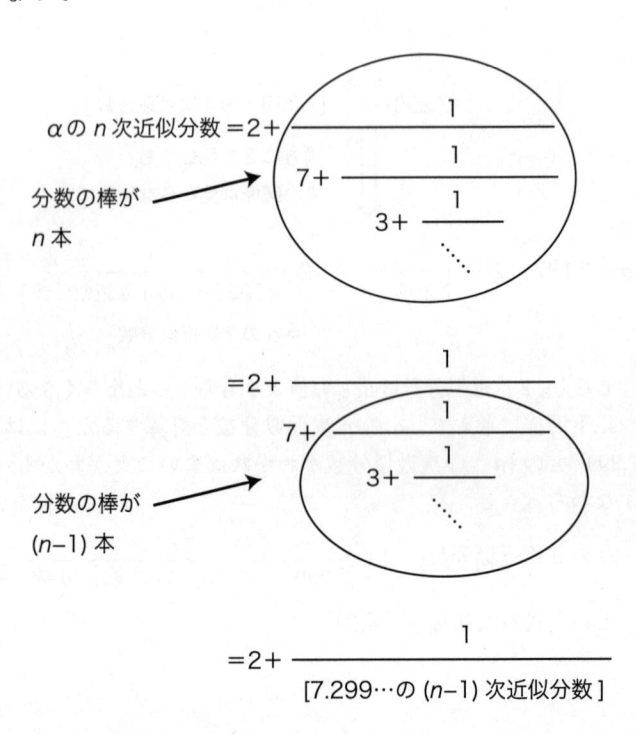

$$\alpha \text{の} n \text{次近似分数} = 2 + \cfrac{1}{7 + \cfrac{1}{3 + \cfrac{1}{\cdots}}}$$

分数の棒が n 本

$$= 2 + \cfrac{1}{7 + \cfrac{1}{3 + \cfrac{1}{\cdots}}}$$

分数の棒が $(n-1)$ 本

$$= 2 + \cfrac{1}{[7.299\cdots \text{の}(n-1)\text{次近似分数}]}$$

となるのである。

CHAPTER 5 連分数による近似と、その精度

　$[7.299\cdots]$ の逆数を取るときに大小関係が逆転し、両方に2を足しても大小関係は変わらないので、$(n-1)$ 次近似分数が小さめならば n 次近似分数は大きめになるし、逆に $(n-1)$ 次近似分数が大きめならば、n 次近似分数は小さめになる。例えば $7.299\cdots > [7.299\cdots$ の $(n-1)$ 次近似分数$]$ の場合だと

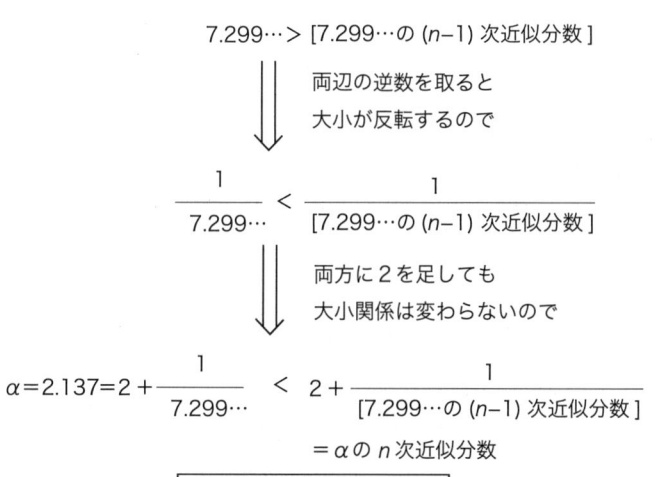

$\boxed{(n-1) \text{次近似分数が小さめなら}}$

$$7.299\cdots > [7.299\cdots \text{の} (n-1) \text{次近似分数}]$$

⇓ 両辺の逆数を取ると
大小が反転するので

$$\frac{1}{7.299\cdots} < \frac{1}{[7.299\cdots \text{の} (n-1) \text{次近似分数}]}$$

⇓ 両方に2を足しても
大小関係は変わらないので

$$\alpha = 2.137 = 2 + \frac{1}{7.299\cdots} < 2 + \frac{1}{[7.299\cdots \text{の} (n-1) \text{次近似分数}]}$$

$$= \alpha \text{の} n \text{次近似分数}$$

$\boxed{n \text{次近似分数は大きめになる}}$

といった具合だ。逆に、$(n-1)$ 次近似が大きめならば、n 次近似は小さめになる。こうして［小さめの近似］と［大きめの近似］が交互にあらわれる。出発点の0次近似分数が小さめの近似なので、0次、2次、4次、6次、… という偶数次の近似分数は正しい値よりも小さめになるし、逆に1次、3次、5次、7次、… という奇数次の近似分数は、正しい値よりも大きめになる。［ポイント1］がこれで証明できた。

167

> **結論**
>
> 連分数近似は、正しい値よりもちょっと小さめ、ちょっと大きめ、の近似が交互にあらわれる。より正確には、偶数次近似分数はちょっと小さめ、奇数次近似分数はちょっと大きめである。

3. 隣り合った近似分数は大接近

次に [ポイント 2] について見ていこう。まず、「2 つの分数の値が近い」というときにどういう限界があるか調べてみる。

> **例題 8**
>
> 11 を分母とする分数と、13 を分母とする分数とがあって、その値は等しくはないが差はごくわずかだという。ただしどちらの分数も分母・分子がともに整数、つまり
>
> $$\frac{整数}{11} \quad と \quad \frac{整数}{13}$$
>
> という形だとする。この 2 つの分数の差はどこまで小さくできるだろうか？

例えば $\frac{1}{11} = 0.090909\cdots$ であり、$\frac{1}{13} = 0.076923076923\cdots$ なので、その差はわずか $0.013986013986\cdots$ となり、結構小さい。これよりも差を小さくすることができるだろうか？

小数でなく分数で差を計算してみよう。通分すればよいので

$$\frac{1}{11} - \frac{1}{13} = \frac{1 \times 13}{11 \times 13} - \frac{11 \times 1}{11 \times 13} = \frac{13-11}{11 \times 13} = \frac{2}{143}$$

CHAPTER 5 連分数による近似と、その精度

となる。このように通分すれば、$\dfrac{整数}{11}$ という形の分数と $\dfrac{整数}{13}$ という形の分数との差はいつでも $\dfrac{整数}{143}$ という形の分数としてあらわされることがわかる。2つの分数の値は等しくないので、差は0ではない。するとどうしても $\dfrac{1}{143}$ より差を縮めることはできないことが見て取れる。

では11を分母とする分数と13を分母とする分数で、差が $\dfrac{1}{143}$ になるものがあればそれが最小、ということになる。天下りで恐縮だが、$\dfrac{6}{11}$ と $\dfrac{7}{13}$ との差を通分して計算してみると

$$\frac{6}{11} - \frac{7}{13} = \frac{6 \times 13}{11 \times 13} - \frac{11 \times 7}{11 \times 13} = \frac{78-77}{143} = \frac{1}{143} = 0.006993\cdots$$

となる。これ以上差を小さくできないので、これが最小だ。

このように、分母と分子が整数となるような分数 $\dfrac{b}{a}$ と $\dfrac{d}{c}$ があったとして、その差が $\dfrac{1}{|ac|}$ になったとすれば、分子をどう取りかえても差をこれ以上縮めることはできない。そこでこのような分数は「大接近」、とよぶことにしよう。つまり a、b、c、d は整数として、2つの分数 $\dfrac{b}{a}$ と $\dfrac{d}{c}$ が**大接近**とは、$\left|\dfrac{b}{a} - \dfrac{d}{c}\right| = \dfrac{1}{|ac|}$ となること、と定義する。

この節の目標は、ある数の連分数近似を順に並べていくと、その隣り合った近似、つまり例えば2次近似と3次近似、3次近似と4次近似、4次近似と5次近似、……が全てそれぞれ大接近していることを証明することである。証明に取りかかる前に、具体例で確かめてみよう。

$$\frac{123}{100} = 1 + \cfrac{1}{4 + \cfrac{1}{2 + \cfrac{1}{1 + \cfrac{1}{7}}}}$$

この数の近似分数は、実はこの章の一番最初に計算済みだ。その値を使うと、0 次近似が $1 = \frac{1}{1}$ で 1 次近似が $\frac{5}{4}$、その差は

$$\frac{1}{1} - \frac{5}{4} = \frac{1 \times 4}{1 \times 4} - \frac{1 \times 5}{1 \times 4} = \frac{4-5}{1 \times 4} = \frac{-1}{4}$$

となり、確かに大接近。次に 1 次近似分数 $\frac{5}{4}$ と 2 次近似分数 $\frac{11}{9}$ の差を計算してみると

$$\frac{5}{4} - \frac{11}{9} = \frac{5 \times 9}{4 \times 9} - \frac{4 \times 11}{4 \times 9} = \frac{45-44}{4 \times 9} = \frac{1}{36}$$

となり、これも確かに大接近。次の第 3 次近似分数が $\frac{16}{13}$ なので第 2 次近似分数 $\frac{11}{9}$ との差を計算すると

$$\frac{11}{9} - \frac{16}{13} = \frac{11 \times 13}{9 \times 13} - \frac{9 \times 16}{9 \times 13} = \frac{143-144}{117} = \frac{-1}{117}$$

でこれも大接近。最後に 4 次近似は $\frac{123}{100}$ そのものなので

$$\frac{16}{13} - \frac{123}{100} = \frac{16 \times 100}{13 \times 100} - \frac{13 \times 123}{13 \times 100} = \frac{1600-1599}{1300} = \frac{1}{1300}$$

1.23 の連分数展開では、隣り合った近似分数は全て互いに大接近していることが確かめられた。

隣り合った近似分数は大接近、その証明に入る前に、大接近する分数についていくつかの性質が成り立つことを調べておく。

(性質 1) 整数 a、b、c、d によって $\frac{b}{a}$ と $\frac{d}{c}$ とあらわされる 2 つの分数が大接近するのは、$ad-bc$ が 1 か -1 のどちらかの値になるときであり、そのときに限る。

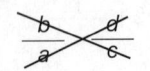

たすきがけに掛け算した bc と ad の差が 1

CHAPTER 5 連分数による近似と、その精度

実際、$\frac{b}{a} - \frac{d}{c}$ を計算してみると $\frac{b}{a} - \frac{d}{c} = \frac{bc-ad}{ac}$ なので、「$ad-bc$ は 1 か -1 のどちらか」というのが「この分子 $bc-ad$ の絶対値が 1」という大接近の定義を言い換えたものに他ならないのである。

(性質2) 整数 a、b、c、d によって $\frac{b}{a}$ と $\frac{d}{c}$ とあらわされた 2 つの分数が大接近していて、b も d も 0 でなければ、それぞれ逆数を取った $\frac{a}{b}$ と $\frac{c}{d}$ もやはり大接近している。

これは「$\frac{b}{a}$ と $\frac{d}{c}$」でも「$\frac{a}{b}$ と $\frac{c}{d}$」でも、たすきがけに掛け算した値の差が $ad-bc$ の符号が入れ替わるだけなので、(性質 1) により、一方が大接近ならもう一方も大接近になることがわかる。

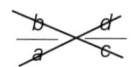

元の分数では　　　　　　　　　　　　　　たすきがけは ad と bc

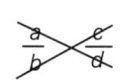

それぞれ逆数を取ると　　　　　　　　　　たすきがけは bc と ad
　　　　　　　　　　　　　　　　　　　　差は変わらない

(性質3) 整数 a、b、c、d によって $\frac{b}{a}$ と $\frac{d}{c}$ とあらわされた 2 つの分数が大接近していれば、両方に同じ整数 n を加えて作った 2 つの分数 $n + \frac{b}{a} = \frac{na+b}{a}$ と $n + \frac{d}{c} = \frac{nc+d}{c}$ も大接近である。

これは、両方の分数に同じ整数 n を加えても、差が変わらないことからわかる。つまり

$$\left(n + \frac{b}{a}\right) - \left(n + \frac{d}{c}\right) = (n-n) + \left(\frac{b}{a} - \frac{d}{c}\right) = \pm \frac{1}{ac}$$

となるので、確かに $n + \frac{b}{a} = \frac{na+b}{a}$ と $n + \frac{d}{c} =$

$\dfrac{nc+d}{c}$ は大接近している。

では、これらの性質 1、2、3 を使って、1.23 の 3 次近似分数 $\dfrac{16}{13}$ と 4 次近似分数 $\dfrac{123}{100}$ が大接近していること、つまり

$$1+\cfrac{1}{4+\cfrac{1}{2+\cfrac{1}{①}}} \quad と \quad 1+\cfrac{1}{4+\cfrac{1}{2+\cfrac{1}{\boxed{1+\dfrac{1}{7}}}}}$$

が大接近していることを、具体的な計算でなく概念的に証明してみよう。この 2 つの分数の違いは、それぞれ丸で囲った部分である。つまり左側では 1 で、右側では $1+\dfrac{1}{7}$ だ。左側の 1 を分数表示して $1=\dfrac{1}{1}$ と書き、この対応する部分

$$1=\dfrac{1}{1} \quad と \quad 1+\dfrac{1}{7}$$

を比べる。その差は $\dfrac{1}{1}-\left(1+\dfrac{1}{7}\right)=-\dfrac{1}{1\times 7}$ なので、まずこの部分が大接近であることがわかる。

（性質 2）により、大接近している 2 つの分数のそれぞれ逆数を取ってもやはり大接近しているので

$$\dfrac{1}{1} \quad と \quad \dfrac{1}{1+\dfrac{1}{7}}$$

も大接近している。（性質 3）により、大接近している 2 つの分数に同じ整数を加えてもやはり大接近しているので、2 を加えて

CHAPTER 5 連分数による近似と、その精度

$$2+\frac{1}{1} \quad \text{と} \quad 2+\cfrac{1}{1+\cfrac{1}{7}}$$

もやはり大接近している。再び（性質2）により両側の逆数を取ってもやはり大接近しているので

$$\cfrac{1}{2+\cfrac{1}{1}} \quad \text{と} \quad \cfrac{1}{2+\cfrac{1}{1+\cfrac{1}{7}}}$$

も大接近している。再び（性質3）により、両側に整数4を加えてもやはり大接近しているので

$$4+\cfrac{1}{2+\cfrac{1}{1}} \quad \text{と} \quad 4+\cfrac{1}{2+\cfrac{1}{1+\cfrac{1}{7}}}$$

も大接近している。みたび（性質2）により、両側の逆数を取ってもやはり大接近しているので

$$\cfrac{1}{4+\cfrac{1}{2+\cfrac{1}{1}}} \quad \text{と} \quad \cfrac{1}{4+\cfrac{1}{2+\cfrac{1}{1+\cfrac{1}{7}}}}$$

も大接近している。みたび（性質3）により両側に1を加えて

$$1+\cfrac{1}{4+\cfrac{1}{2+\cfrac{1}{1}}} \quad \text{と} \quad 1+\cfrac{1}{4+\cfrac{1}{2+\cfrac{1}{1+\cfrac{1}{7}}}}$$

も大接近している。かくして分数の値を具体的に計算することなく、3次近似分数 $\frac{16}{13}$ と4次近似分数 $\frac{123}{100}$ が大接近していることがわかった。

そして今の論法は、「隣り合った近似分数」に対していつでも適用できるのだ。なぜなら隣り合った近似分数、つまり$(n-1)$次近似分数とn次近似分数とを比べてみると、丸とか四角とかトランプのマークとかは全部整数として

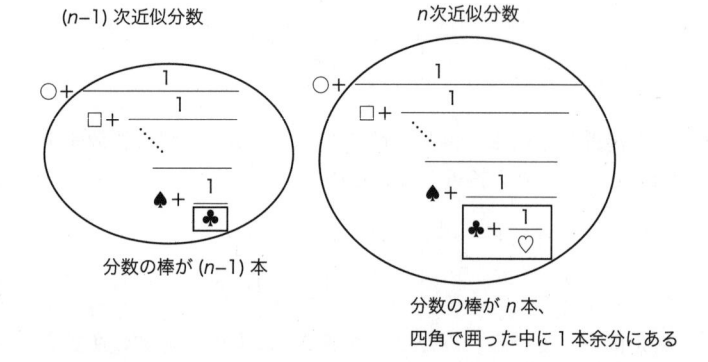

(n−1) 次近似分数

$$\bigcirc + \cfrac{1}{\square + \cfrac{1}{\ddots \cfrac{}{\spadesuit + \cfrac{1}{\boxed{\clubsuit}}}}}$$

分数の棒が (n−1) 本

n次近似分数

$$\bigcirc + \cfrac{1}{\square + \cfrac{1}{\ddots \cfrac{}{\spadesuit + \cfrac{1}{\boxed{\clubsuit + \cfrac{1}{\heartsuit}}}}}}$$

分数の棒が n本、
四角で囲った中に1本余分にある

四角で囲った部分だけが異なり、あとは同じである。四角の中を比べると

$$\clubsuit \quad と \quad \clubsuit + \frac{1}{\heartsuit}$$

という違いであり、左側は $\clubsuit = \frac{\clubsuit}{1}$ と分数表示できるので、その差が $\frac{1}{1 \times \heartsuit}$ であることから $\frac{\clubsuit}{1}$ と $\clubsuit + \frac{1}{\heartsuit} = \frac{\heartsuit + 1}{\heartsuit}$ は大接近であることがわかる。あとは $\frac{16}{13}$ と $\frac{123}{100}$ の場合と同じように（性質2）逆数を取る、（性質3）整数を加える、という操作を繰り返して $(n-1)$ 次近似分数と n 次近似分数を作ることができるので、一般に $(n-1)$ 次近似分数と n 次近似分数、つまり隣り合った近似分数は大接近となることがわかった。以上で［ポイント2］の証明が完了した。

CHAPTER 5 連分数による近似と、その精度

[ポイント1] と [ポイント2] を合わせて、連分数近似の精度について次のような精密な評価ができる。

定理2

α の連分数近似として $\frac{p}{q}$ という分数が出てきたら、その誤差、つまり $\left|\alpha - \frac{p}{q}\right|$ は $\frac{1}{q^2}$ 以下である。

証明) $\frac{p}{q}$ は n 次近似とし、$(n+1)$ 次近似は $\frac{P}{Q}$ になったとする。近似分数は、先へ進めば進むほど複雑になっていくので、$Q \geqq q$ である。[ポイント1] により α は $\frac{p}{q}$ と $\frac{P}{Q}$ の間にあり、[ポイント2] により $\left|\frac{p}{q} - \frac{P}{Q}\right| = \frac{1}{qQ}$ なので

$$\left|\alpha - \frac{p}{q}\right| < \left|\frac{P}{Q} - \frac{p}{q}\right| \quad ([ポイント1] より)$$
$$= \frac{1}{qQ} \quad ([ポイント2] より)$$
$$\leqq \frac{1}{q^2} \quad (Q > q より Qq > q^2 より \frac{1}{Qq} < \frac{1}{q^2})$$

が成り立つ。(証明終わり)

この定理2から、次のような結果も出てくる。ちなみに、「系」とは、定理からすぐにわかる結果のことである。

系

α が無理数であれば、$\left|\alpha - \frac{p}{q}\right| < \frac{1}{q^2}$ を満たすような整数のペア (p, q) が無限組存在する。

証明) α が無理数なら、その連分数展開は無限に続き、よって、1次近似分数、2次近似分数、3次近似分数、……と、無

限に系の条件を満たす分数を作っていくことができる。(証明終わり)

なお、α が有理数なら、$\alpha \neq \dfrac{p}{q}$ という条件を付け加えれば、系の条件を満たす (p, q) は有限個しかないことがわかる（第9章第2節コラム18（274ページ）参照）。その意味で、無理数とは「有理数によって精度のよい近似ができる数」なのである。

先に進む前に［ポイント2］の面白い応用を紹介しよう。

例題9

分母が31の分数 $\dfrac{\bigcirc}{31}$ と、分母が40の分数 $\dfrac{\square}{40}$ を大接近させることができるだろうか？

この程度の問題なら、試行錯誤をしていけば何とか大接近させることはできそうだ。だが答えがあるかどうかわからずにいろいろ試すのは不安だし、あまり数学的ではない。数学という以上、何か計算をして、スパッと答えを出してほしいものだ。この例題は、次のようにして解けばかっこいい。31と40を分母と分子に持つ分数 $\dfrac{40}{31}$ を考えて、これを連分数の形に書き換える。

$$\frac{40}{31} = 1 + \cfrac{1}{3 + \cfrac{1}{2 + \cfrac{1}{4}}}$$

つまり $\dfrac{40}{31}$ はこの右辺の連分数の3次近似分数である。その隣の近似分数として、一つ手前の2次近似分数を計算してみると

CHAPTER 5　連分数による近似と、その精度

$$1+\frac{1}{3+\frac{1}{2}}=\frac{9}{7}$$

［ポイント2］により、3次近似分数 $\frac{40}{31}$ と 2次近似分数 $\frac{9}{7}$ とは大接近である。(性質1) より、$\frac{40}{31}$ と $\frac{9}{7}$ の分母と分子をたすきがけに掛けた積の差は1になる。

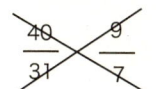

~~40~~ ╲ ~~9~~　　40×7＝280　　たすきがけに掛けた
~~31~~ ╱ ~~7~~　　31×9＝279　　2つの積の差は1

ところが、一方の対角線どうしの数を入れ替えても、たすきがけの積の差は変わらない。つまり $\frac{7}{31}$ と $\frac{9}{40}$ も大接近となるはずである。

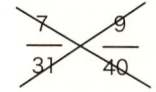

~~7~~ ╲ ~~9~~　　7×40＝280　　対角線どうしを入れ替えても、
~~31~~ ╱ ~~40~~　　31×9＝279　　積は変わらない

検算してみると

$$\frac{7}{31}-\frac{9}{40}=\frac{7\times 40-31\times 9}{31\times 40}=\frac{280-279}{1240}=\frac{1}{1240}$$

となり、確かに大接近となっている。こうして、分母が31の分数 $\frac{○}{31}$ と、分母が40の分数 $\frac{□}{40}$ を大接近できた。

一般に n と m が互いに素（n と m の最大公約数が1、つまり分数 $\frac{n}{m}$ が既約分数）ならば、いつでも同じ方法、つまり $\frac{n}{m}$ を連分数としてあらわして、最後からひとつ手前の近似分数を計算することによって、n を分母とする分数と m を分母とする分数が大接近するようにできる。

以上をまとめて、［ポイント2］の応用として次の定理が証明できた。

> **定理3**
>
> n と m が互いに素（n と m の最大公約数が1、つまり $\dfrac{n}{m}$ が既約分数）ならば、n を分母とする分数と m を分母とする分数を大接近させることができる。

「最大公約数が1、つまり $\dfrac{n}{m}$ が既約分数」という条件がついたが、この条件は必要だ。実際、n と m の最大公約数 d が1よりも大きければ、どんな整数 ○ と □ に対しても

$$\frac{○}{n} - \frac{□}{m} = \frac{○ \times m}{n \times m} - \frac{n \times □}{n \times m} = \frac{(○ \times m) - (n \times □)}{n \times m}$$

となるが、n も m も d の倍数なので、この分子 $(○ \times m) - (n \times □)$ も d の倍数となり、決して ± 1 にはなりえないのである。

もうひとつ、[ポイント2] の面白い応用をあげておこう。

> **定理4**
>
> 連分数の近似分数として出てくる分数は全て既約分数になっている。

なぜなら、連分数の近似分数は隣の近似分数と大接近しているわけだが、もし約分できるような分数だったら、どんな分数とも大接近できないはずだ。実際 $\dfrac{n}{m}$ の分母と分子がともに d の倍数ならば、どんな分数 $\dfrac{a}{b}$ を取ってきても、たすきがけの積の差 $nb - ma$ は d の倍数となり、決して ± 1 にはならないのである。

第3章で「連分数で正体を見破ると、自動的に既約分数が出てくる」ということを、「ユークリッドの互除法と本質的に

同じ計算になるから」という方針で示した。上の定理4は本質的に同じ結果だが、ちょっと証明が強くなっている。

ユークリッドの互除法だと、「これでユークリッドの互除法と同じだから、既約分数になるはずだ」といわれたら、同じ計算を自分でもう一度やってみるか、あるいは信じるしかないのだが、ここで「大接近する分数がこうして見つかったから、既約分数だ」といわれたら、本当に大接近しているかどうかを分数の引き算をするだけで検算でき、計算して大接近していればそれは既約分数であることの保証になっているのである。いわば保証書つきの証明なのだ。

結論

連分数による隣どうしの近似分数は、大接近している。そのことから、
- 連分数の近似の精度がよいこと
- 無理数には精度のよい近似分数が無限個作れること
- 互いに素な分母を持つ2つの分数を大接近させることができること
- 連分数の近似分数は全て既約分数であること

というように様々な応用ができる。

4．黄金比とフィボナッチ数

黄金比とは $\dfrac{1+\sqrt{5}}{2} = 1.6180339\cdots$ とあらわされる数で、連分数を計算すると

$$\frac{1+\sqrt{5}}{2} = 1 + \cfrac{1}{1+\cfrac{1}{1+\cfrac{1}{1+\cfrac{1}{1+\cdots}}}}$$

と無限に1が繰り返すような数であった。この節では黄金比、およびその2乗、つまり(黄金比)^{2}の連分数近似を計算し、応用を紹介する。まずは近似分数を順番に計算してみよう。

$$0 \text{次近似}: 1 = \frac{1}{1}$$

$$1 \text{次近似}: 1 + \frac{1}{1} = \frac{2}{1}$$

$$2 \text{次近似}: 1 + \cfrac{1}{1+\cfrac{1}{1}} = \frac{3}{2}$$

$$3 \text{次近似}: 1 + \cfrac{1}{1+\cfrac{1}{1+\cfrac{1}{1}}} = \frac{5}{3}$$

以下、同様に計算していって、その結果を表にまとめてみる。

n	0	1	2	3	4	5	6	7	8	9	10
n 次近似分数	$\frac{1}{1}$	$\frac{2}{1}$	$\frac{3}{2}$	$\frac{5}{3}$	$\frac{8}{5}$	$\frac{13}{8}$	$\frac{21}{13}$	$\frac{34}{21}$	$\frac{55}{34}$	$\frac{89}{55}$	$\frac{144}{89}$

分母と分子に、同じような数が出てくることがわかる。その数をずらっと並べてみると

(1)、1、2、3、5、8、13、21、34、55、89、144、…

この数の並びに見覚えがあるだろうか？ そう、第1章で出てきた**フィボナッチ数列**だ。1、1から始めて、前の2つの

CHAPTER 5 連分数による近似と、その精度

数を足した数が次に来る、ということを繰り返してできる数列である。「黄金比の近似分数の分母と分子は、どうやらいつでもフィボナッチ数になりそうだ」と予想できれば、数学的帰納法を使って簡単に確かめられる。フィボナッチ数に順に

$f_1 = 1$、$f_2 = 1$、$f_3 = 2$、$f_4 = 3$、$f_5 = 5$、$f_6 = 8$、$f_7 = 13$、$f_8 = 21$、$f_9 = 34$、$\cdots$

と番号を付けることにする。

定理5

黄金比 $\dfrac{1+\sqrt{5}}{2}$ の n 次近似分数は、フィボナッチ数列 $f_1 = 1$、$f_2 = 1$、$f_3 = 2$、$f_4 = 3$、$\cdots$ を使って $\dfrac{f_{n+2}}{f_{n+1}}$ とあらわされる。

証明) n について数学的帰納法を用いる。既に $n = 0$、1、2、3、$\cdots$、10 までは確かめているので、$n-1$ の場合に定理5が正しければ n の場合にも正しいことさえ示せばよい。まず帰納法の仮定から、次の等式が成り立っているとしてよい。

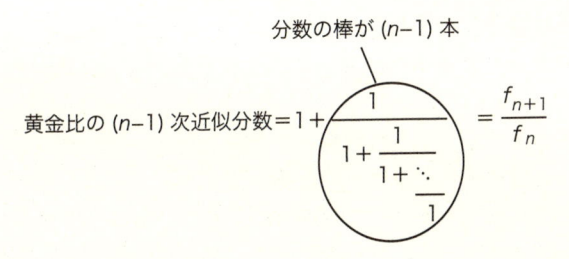

黄金比の $(n-1)$ 次近似分数 $= 1 + \cfrac{1}{1 + \cfrac{1}{1 + \cfrac{\ddots}{1}}} = \dfrac{f_{n+1}}{f_n}$ 〔分数の棒が $(n-1)$ 本〕

そして黄金比の n 次近似分数をきちんと分数として書いてみると、一番上の分数の棒を除けば残りの棒の本数は $(n-1)$

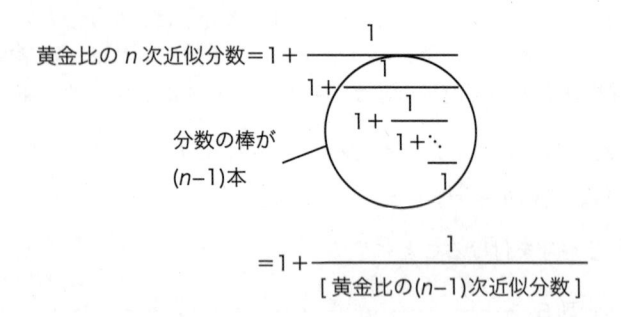

本になるので

$$\text{黄金比の } n \text{ 次近似分数} = 1 + \cfrac{1}{1+\cfrac{1}{1+\cfrac{1}{1+\cfrac{1}{1+\cdots\cfrac{}{1}}}}}$$

分数の棒が $(n-1)$ 本

$$= 1 + \cfrac{1}{[\text{黄金比の}(n-1)\text{次近似分数}]}$$

よって

$$\begin{aligned}
\text{黄金比の } n \text{ 次近似分数} &= 1 + \frac{1}{f_{n+1}/f_n} \quad (\text{帰納法の仮定}) \\
&= 1 + \frac{f_n}{f_{n+1}} \quad \left(\begin{array}{l}\text{分母と分子に}\\ f_n \text{を掛けた}\end{array}\right) \\
&= \frac{f_{n+1}}{f_{n+1}} + \frac{f_n}{f_{n+1}} \quad (\text{通分した}) \\
&= \frac{f_{n+1} + f_n}{f_{n+1}} \\
&= \frac{f_{n+2}}{f_{n+1}} \quad \left(\begin{array}{l}\text{フィボナッチ数の性質}\\ f_n + f_{n+1} = f_{n+2}\end{array}\right)
\end{aligned}$$

と計算でき、n 次近似分数についても定理が成立することがわかった。帰納法が成立し、これで定理5が証明できた。（証明終わり）

黄金比というひとつの数を考えることと、フィボナッチ数という数列を考えることは表裏一体であることが、これでわかった。黄金比から、その連分数近似の分母または分子として、フィボナッチ数列が出てくる。逆にフィボナッチ数列から黄金比を復元することは、次の系によってできる。

CHAPTER 5 連分数による近似と、その精度

> **系**
>
> $f_1 = 1$、$f_2 = 1$、$f_3 = 2$、$f_4 = 3$、… をフィボナッチ数列とすると、その続き番号の比 $\dfrac{f_{n+1}}{f_n}$ は n を大きくすると黄金比にどんどん近づいていく。

実際、$\dfrac{f_{n+1}}{f_n}$ は黄金比の $(n-1)$ 次近似分数なので、定理 2 により黄金比 $\dfrac{1+\sqrt{5}}{2}$ との誤差は $\dfrac{1}{(f_n)^2}$ 以下、という精度の近似値である。n をどんどん大きくすると精度はどんどん高くなり、黄金比に近づいていく。

黄金比の n 次近似分数がわかったので、次は黄金比の 2 乗の連分数による近似分数を求めよう。黄金比は 2 乗すると 1 増えるような数だったので (コラム 11 参照) 黄金比の 2 乗の連分数展開は

$$(\text{黄金比の 2 乗}) = (1+\text{黄金比}) \text{の連分数展開} = 2 + \cfrac{1}{1+\cfrac{1}{1+\cfrac{1}{1+\cfrac{1}{1+\ddots}}}}$$

となる。

よってその n 次近似分数は

$$\text{黄金比の 2 乗の } n \text{ 次近似分数} = 2 + \cfrac{1}{1+\cfrac{1}{1+\cfrac{1}{\ddots\, \overline{1}}}}$$

$$
\begin{aligned}
&= 1 + \left(1 + \cfrac{1}{1 + \cfrac{1}{1 + \cfrac{1}{\ddots 1}}}\right) \\
&= 1 + 黄金比の n 次近似分数 \\
&= 1 + \frac{f_{n+2}}{f_{n+1}} \\
&= \frac{f_{n+1} + f_{n+2}}{f_{n+1}} \\
&= \frac{f_{n+3}}{f_{n+1}} \quad (f_{n+1} + f_{n+2} = f_{n+3})
\end{aligned}
$$

これによって、$\frac{f_{n+2}}{f_n}$ は、n を大きくしていくと黄金比の 2 乗にどんどん近づくことがわかる。これは黄金比の 2 乗の連分数近似であるので精度の高い近似である。また、逆数を取れ

コラム11　黄金比の2乗

黄金比は $x^2 - x - 1 = 0$ の解だったので、

$$x^2 = x + 1$$

つまり 2 乗すると 1 増えるような数である。もちろん $\frac{1+\sqrt{5}}{2}$ の 2 乗を実際に計算して確かめることもできる。

$$
\begin{aligned}
\left(\frac{1+\sqrt{5}}{2}\right)^2 &= \frac{1 + 2\sqrt{5} + 5}{4} \\
&= \frac{3 + \sqrt{5}}{2} \\
&= 1 + \frac{1 + \sqrt{5}}{2}
\end{aligned}
$$

CHAPTER 5 連分数による近似と、その精度

ば、黄金比の2乗の逆数 $\dfrac{1}{(黄金比)^2}$ の n 次近似分数が $\dfrac{f_n}{f_{n+2}}$ になることがわかる。

では、連分数近似を用いて国を危機から救う話を紹介しよう。

王様は困り果てていた。ここ数年来の異常気象で農作物は壊滅状態。国庫を開放して蓄えを吐きだしてきたが、ついに備蓄食料も尽き、他国から食料を買おうにも、めぼしい宝物はほとんど売りつくしてしまった。残るは代々王家に伝えられた秘宝、正方形の金の延べ板64枚。だがこれを使い切ってしまうと、もはや国ごと餓え死にするより他はない。どうしたものか、と考えているところへ旅の数術師があらわれた。
「王様、ご安心ください。この64枚の延べ板を元手に、無限の財産を築き上げてみせましょう」
「何じゃ、うさんくさい奴じゃな。投資話なら、のらんぞ」
「いえ、王様、数学を使うのです。このように、正方形の延べ板を 8×8 の正方形の形に並べ、図のように切ります。そうして並べ替えるとあら不思議、$5 \times 13 = 65$ の長方形になります」

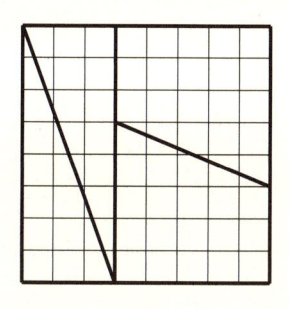

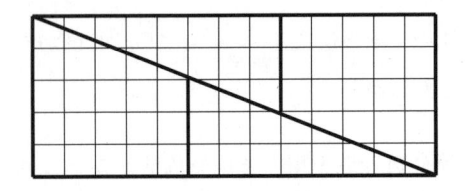

「うむ？」
「並べ替えておいて、正方形の延べ板を 1 枚だけ取って他国に売り、残りを並べかえれば元通りの金の延べ板 64 枚に戻ります。必要ならこれを何度でも繰り返して、元手を減らさずにいつでも金の延べ板を 1 枚作り上げることができるのです」

王様がだまされそうだ。あなたはこの数術師の嘘を見抜いて、王様のピンチを救うことができるだろうか？

このトリックには、黄金比の 2 乗の連分数近似とフィボナッチ数が使われているのだ。台形や三角形の底辺や高さなどの寸法を見てみると、3、5、8、13 とフィボナッチ数が乱舞していることがわかる。一般に f_n、f_{n+1}、f_{n+2}、f_{n+3} を連続したフィボナッチ数として次の図のように切り貼りすることで、$f_{n+2} \times f_{n+2}$ の正方形を $f_{n+1} \times f_{n+3}$ の長方形に並べ替えることができる。

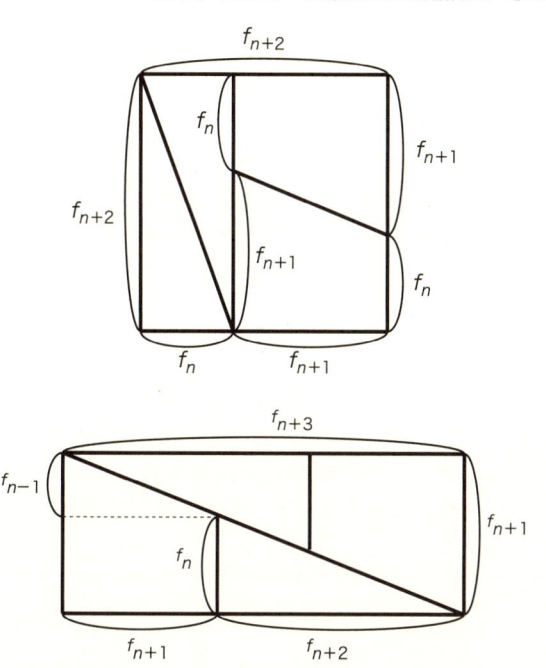

CHAPTER 5 連分数による近似と、その精度

正方形の面積は $f_{n+2} \times f_{n+2}$ で、長方形の面積は $f_{n+1} \times f_{n+3}$ になる。この差は、いつでも 1 になる。定理 5 により $\dfrac{f_{n+2}}{f_{n+1}}$ は黄金比の n 次近似分数、$\dfrac{f_{n+3}}{f_{n+2}}$ は黄金比の $(n+1)$ 次近似分数なので、[ポイント 2] によりこのふたつの分数は大接近だ。大接近の(性質 1)により、$\dfrac{f_{n+2}}{f_{n+1}}$ と $\dfrac{f_{n+3}}{f_{n+2}}$ というふたつの分数の分母と分子をたすきがけした値、つまり $(f_{n+2})^2$ と $f_{n+1} \times f_{n+3}$ の差は 1 になるのである。そしてトリックのポイントは下の長方形の斜めの線分の傾き、つまり $\dfrac{f_{n-1}}{f_{n+1}}$ (台形上の斜線)、$\dfrac{f_n}{f_{n+2}}$ (三角形上の斜線)、$\dfrac{f_{n+1}}{f_{n+3}}$ (長方形の対

角線）が全て異なる値でありながら、黄金比の2乗の逆数

$$\frac{1}{(黄金比)^2} = 0.381966\cdots (=2-黄金比)$$

の近似分数となるため、どれも極めて近い傾きになり、肉眼では区別がつかない、という仕組みである。

旅の数術師の 8×8 と 5×13 の場合だと、台形上の斜線の傾きが $\frac{2}{5}=0.4$、三角形上の斜線の傾きが $\frac{3}{8}=0.375$、長方形の対角線の傾きが $\frac{5}{13}=0.384615\cdots$ で、数値で見ると小数点以下2桁目が全部違うが、肉眼ではこの程度の違いすら見分けられないのである。というか、旅の数術師は線を太くしてごまかしていたので、正確に図を描くと、以下の通り。真ん中に細長い平行四辺形の隙間があいていることがわかる。この平行四辺形の面積がちょうど1になっているのだ。

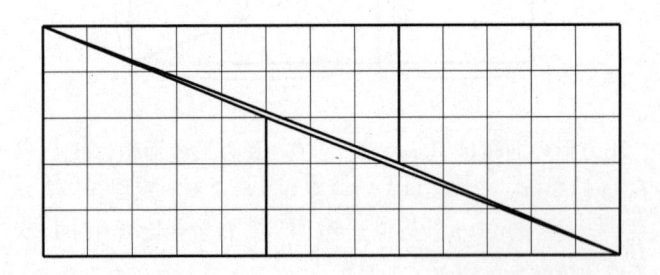

かくして連分数を用いた分析により、詐欺師にだまされるという国家的危機から王様を救い出すことができた。食料問題はまだ残っているけれども。

> **結論**
>
> 黄金比の連分数近似は、連続するフィボナッチ数を分

CHAPTER 5 連分数による近似と、その精度

母・分子に持つ分数になる。

5. 連分数近似の精度のよし悪し

連分数を使って、近似分数を作る。例えば α の近似分数として、$\dfrac{10}{7} = 1 + \dfrac{1}{2+\dfrac{1}{3}}$ が得られたとしよう。175 ページの定理2 により、α と $\dfrac{10}{7}$ との差は $\dfrac{1}{7^2} = \dfrac{1}{49}$ 以下だ。その誤差が、本当に $\dfrac{1}{49}$ ぎりぎりくらいにまで大きくなるか、それとももっと精度がよさそうであるかは、α の連分数を自分で計算してみたら、おおよそ見当がつく。もし α の連分数展開が

$$\alpha = 1 + \cfrac{1}{2 + \cfrac{1}{3.9989\cdots}}$$

みたいになり、一番最後の $3.9989\cdots$ を「およそ 3」として近似したのであれば(さすがにこれはひどい)、精度がよくなりそうにない。一方、もし α の連分数展開が

$$\alpha = 1 + \cfrac{1}{2 + \cfrac{1}{3.0001\cdots}}$$

みたいにほとんど 3 になった分母を「およそ 3」として近似したのであれば、精度はかなりよいだろうと期待できる。

α の連分数展開が $\alpha = 1 + \cfrac{1}{2 + \cfrac{1}{3.0001\cdots}}$ のような形だとしたら、連分数展開をひとつ先まで進めると、$3.0001\cdots$ の小数部分は $0.0001\cdots$ であり、その逆数はかなり大きくなる。つまり、連分数展開で次に出てくる分母は大きな数が出てくるわけだ。そこで、次のような推測ができる。

189

> **推測**
>
> 連分数展開の中に大きな数が分母としてあらわれたら、そのひとつ手前で止めて作った連分数近似の精度はよいであろう。

実際、次のような定理が成り立つ。

> **定理6**
>
> α の n 次連分数近似が $\frac{p}{q}$ であったとする。また、α を連分数であらわしたときの $(n+1)$ 番目の分母が ♡ であったとする。つまり
>
> $$\frac{p}{q} = \bigcirc + \cfrac{1}{\square + \cfrac{1}{\ddots + \cfrac{1}{\spadesuit + \cfrac{1}{\clubsuit}}}}$$
>
> $$\alpha = \bigcirc + \cfrac{1}{\square + \cfrac{1}{\ddots + \cfrac{1}{\spadesuit + \cfrac{1}{\clubsuit + \cfrac{1}{\heartsuit + \cfrac{1}{\ddots}}}}}}$$
>
> とすると、$\frac{p}{q}$ と α との差は $\frac{1}{q^2}$ のさらに $\frac{1}{\heartsuit}$ 以下である。

普通だと、分母が q なら誤差が $\frac{1}{q^2}$ 以下、ということしかいえないが、もし次の分母が ♡ だとわかっていたら、精度が

CHAPTER 5 連分数による近似と、その精度

さらに♡倍に上がるのだ。分母に 100 が出てきたら、その手前で止めた近似の精度は普通の 100 倍だし、分母に 1000 が出てきたら精度は 1000 倍だ。

証明は行列を使うのが自然なので、不本意ながら付録 6 (304 ページ) にまわすことにした。行列をご存じの読者は、是非付録の証明にチャレンジしてみてほしい (行列をまだ習っていない読者の皆様、ごめんなさい)。

ひとつだけ、例を紹介しておこう。$\alpha = \sqrt[3]{17} = 2.57128159\cdots$ の連分数を計算してみると

$$\sqrt[3]{17} = 2 + \cfrac{1}{1 + \cfrac{1}{1 + \cfrac{1}{3.0072\cdots}}}$$

$$= 2 + \cfrac{1}{1 + \cfrac{1}{1 + \cfrac{1}{3 + \cfrac{1}{138 + \cdots}}}}$$

となり、138 という大きい数が連分数展開の中にあらわれる。この 138 の手前で止めると、α の近似分数

$$2 + \cfrac{1}{1 + \cfrac{1}{1 + \frac{1}{3}}} = \frac{18}{7} = 2.571428571428\cdots$$

が得られる。近似分数 $\frac{18}{7}$ は分母が 7 なので、定理 2 によれば近似の精度は $\frac{1}{49} = 0.02040816\cdots$ 以下であるとしか保証されないが、実際に差を求めてみると

$$\frac{18}{7} - \sqrt[3]{17} = 0.0001469\cdots$$

と、遥かによい精度が得られている。定理6によれば、近似の精度は $\frac{1}{49}$ のさらに138分の1、つまり

$$\frac{1}{49 \times 138} = \frac{1}{6762} = 0.00014788\cdots$$

以下だと保証されるのである。実際の誤差が、定理6で保証された誤差ぎりぎりの大きさになっているところにも注目してもらいたい。大きい分母の手前では、いつでもそうなるのだ。

> 結論
>
> 連分数表示で大きな分母が出てくると、その手前で止めて作った近似分数は、連分数近似の中でもよい精度になる。

6. ラマヌジャンの円積問題

ここに半径1の円があります。コンパスと定規だけを使って、この円と同じ面積の正方形を作図できますか？ 制限時間は10秒です、はい10、9、…、え？ できるわけないって？ はい正解。コンパスと定規だけでは円と同じ面積の正方形を作図することはできないのだ。

人類は「円積問題」と呼ばれるこの問題を解決するために、10秒よりも長い時間をかけている。紀元前のギリシア喜劇ですでに「円積家」つまり円と同じ面積の正方形を作図しようとする数学者が「不可能なことをしようとする人」という役柄で登場しているが、解決できたのは1882年。ドイツの数学者リンデマンが、この2000年以上未解決だった作図問題が、作図不可能であると証明してみせたのであった。

CHAPTER 5　連分数による近似と、その精度

　半径 1 の円の面積は 半径×半径×π＝π なので、面積はぴったり π である。よって、同じ面積の正方形の一辺の長さは $\sqrt{\pi}$ だ。よって、円積問題は、長さ

$$\sqrt{\pi} = 1.7724538509055160272\cdots$$

の線分を作図せよ、という問題に言い換えることができる。

　1910 年、創刊されたばかりのインド数学会の論文集でリンデマンの定理が取り上げられた。ところが、それを見て刺激を受けたのであろう、天才インド人数学者**ラマヌジャン**は円積問題に挑戦する論文を発表した。正確に同じ面積、というのは無理かもしれないが、近似の正方形なら作図可能だ、というのである。その近似の精度がものすごい。半径 1000 キロメートルの円に対する円積問題の正解は一辺が 1772 km 453 m 85 cm 0.905516⋯ mm という正方形になるが、これに対しラマヌジャンの作図方法を用いると一辺が 1772 km 453 m 85 cm 0.6214⋯ mm という正方形が描かれるのである。誤差はわずか 0.3 ミリメートル足らずだ。ちなみに、東京駅を中心に半径 1000 キロメートルの円を描くと、本州と四国はすっぽり覆われ、北海道も知床半島から稚内までの東海岸を除いて、九州も枕崎市と南さつま市の一部を除いて、ほぼ覆われる。ロシアのナホトカ、韓国の釜山(プサン)も円の端っこにひっかかる。

　ラマヌジャンの作図法とは、$\sqrt{\pi}$ を $\sqrt{\sqrt{\sqrt{97\frac{9}{22}}}}$ で近似する、というものだ。$\sqrt{\pi} = 1.772453850905516\cdots$ という数を見て、それが $\sqrt{\sqrt{\sqrt{97\frac{9}{22}}}}$ に近いと見抜いたのか？　恐るべき数字感覚である。

コラム12　地球の上の円の面積

「地球は丸いのに、その上で円を描いて面積を考えても、その面積は 半径×半径×π という公式では計算できないのでは？」と疑問を持ったあなたは大変鋭い。上記の説明は、半径 1000 キロメートルの大きさを感じてもらうための方便だ。

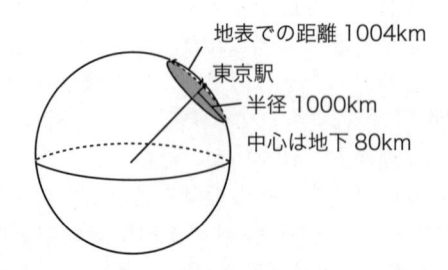

　　　　　　　　　　　地表での距離 1004km
　　　　　　　　　　　東京駅
　　　　　　　　　　　半径 1000km
　　　　　　　　　　　中心は地下 80km

　正確には東京駅の地下 80 キロメートルを中心に水平に半径 1000 キロメートルの円を描くと、その円周がちょうど地表にあらわれる。図の斜線部の円の面積が問題となっているわけだ。地表での距離でいうと半径 1004 キロメートルの円となり、覆う地域はほとんど変わらない。

CHAPTER 5 連分数による近似と、その精度

　どうやってこの近似分数を見つけたのかラマヌジャンは書き残していないが、恐らく連分数によるのだろう、という説が有力である。$\pi^4 = 97.40909103400\cdots$ の連分数展開を計算してみると

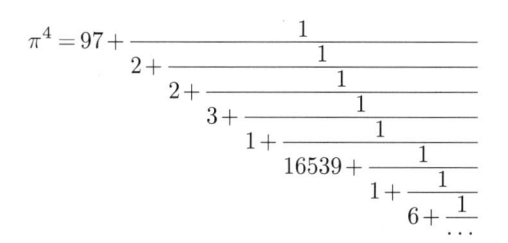

$$\pi^4 = 97 + \cfrac{1}{2 + \cfrac{1}{2 + \cfrac{1}{3 + \cfrac{1}{1 + \cfrac{1}{16539 + \cfrac{1}{1 + \cfrac{1}{6 + \cfrac{1}{\cdots}}}}}}}}$$

となる。ここで、16539 という大きな数が出てくるのが目に付く。前節の定理 6 により、その手前で止めた近似分数の精度は大変高いはずだ。実際

$$97 + \cfrac{1}{2 + \cfrac{1}{2 + \cfrac{1}{3 + \cfrac{1}{1}}}} = 97\frac{9}{22} = 97.4090909\cdots$$

が π^4 の非常によい近似となり、その 8 乗根が $\sqrt{\pi}$ の近似としてラマヌジャンに採用されたと思われるのである。

　具体的にどう作図するのか？　キーポイントは、「四則演算と、ルートを取る計算は、定規とコンパスで作図できる」という観察だ。

　まず、与えられた円の中心を求める。円周上の 2 点を適当に取って、その 2 点を結んだ線分の垂直二等分線は円の中心を通るので、そのような垂直二等分線を 2 本引けば、その交点が円の中心だ。中心から円周上の点までの長さが円の半径なので、これで円の半径と同じ長さの線分が測り取れる。こ

の長さを単位とみて1としよう。円の面積は 半径×半径×π であり、この円の半径は1なので、面積はぴったり π である。よって、同じ面積の正方形の一辺の長さは $\sqrt{\pi}$ だ。そこで、円の半径の線分（長さ1）を使って、長さ

$$\sqrt{\pi} = 1.7724538509055160272\cdots$$

の線分を作図すればよい。リンデマンの定理により、そのような線分を作図することは不可能だが、その近似値

$$\sqrt[8]{97\frac{9}{22}} = 1.7724538506214050720\cdots$$

という長さの線分を作図しようというのだ。

まず、長さが $97\frac{9}{22}$ の線分を作る。長さ1の線分をコンパスを使って直線上に97回コピーすれば、97倍までは（手間はかかるが）簡単だ。同様に、円の半径の9倍の長さの線分や、22倍の長さの線分も作図できる。下の図のように、長さが 9+22=31 倍の線分 AB を作図し、9:22 に内分した点を O とする。O を通る直線を描き、O から長さ1のところに点 C を取る。AC と平行な直線を B を通るように引き、直線 OC との交点を D とすれば、△OAC と △OBD は相似なので OA:OC=OB:OD となり 22:1=9:OD、よって OD の長さは円の半径の $\frac{9}{22}$ 倍となる。

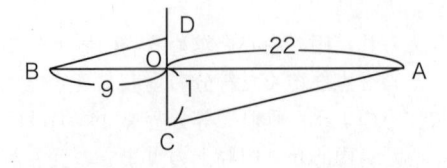

これを長さ97の線分に継ぎ足せば、長さ $97\frac{9}{22}$ の線分がで

CHAPTER 5 連分数による近似と、その精度

きる。

あとはこの長さの平方根を 3 回取ればよい。a という長さの平方根は、長さ $a+1$ の直径を持つ円を取り、直径 AB を $a:1$ に内分した点を C とし、C を通る AB の垂線と円との交点 D を取れば、CD の長さが $\sqrt{a}$ になる。実際、△CBD と △CDA は相似なので、CB : CD = CD : CA で $CD^2 = CB \times CA = a$ となり、CD の長さは $\sqrt{a}$ となる。

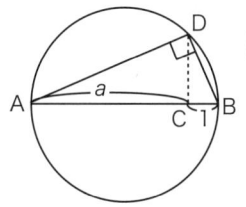

AB は直径とすると
線分 CD の長さが $\sqrt{a}$

結論

π^4 の連分数表示に大きな分母が出てくることを利用して、$\sqrt{\pi}$ のものすごく精密な近似を作図することができる。

CHAPTER 6

神様の糸と中間近似分数

前の章では、連分数近似の精度が非常によいことを確かめた。この章では、逆に非常によい近似分数は全て連分数近似として見つかる、という結果を紹介しよう。

1. 神様の糸

図のように、平面上に格子状に規則正しく釘が打ち付けられた板を考える。釘の打ち方は違うけれども、パチンコ台のようなものを想像してもらうとよい。図のように座標を取り、x座標とy座標を使って「$(7,5)$の釘」というようにあらわすことにする。

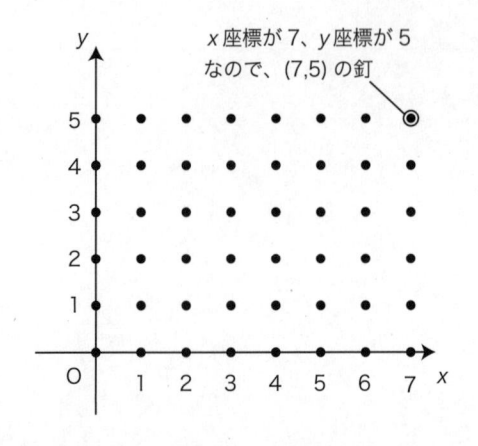

CHAPTER 6 神様の糸と中間近似分数

そこで $(7,5)$ の釘に糸を結びつけ、糸のもう一方の端を引っ張って、原点 $(0,0)$ の方へもっていって、ピンと張る。

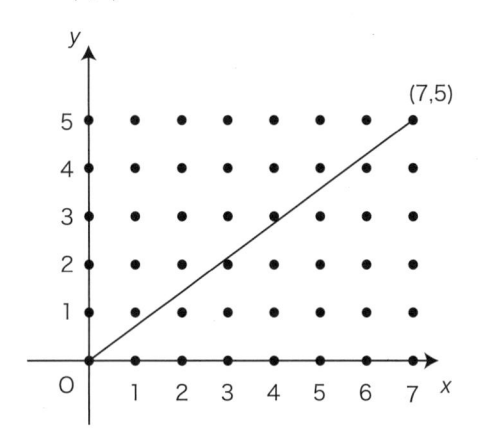

そうして、原点側で糸を引っ張りながら、この座標平面上で上下に少し動かすとどうなるかを考えてみよう。まず原点側の糸の端を少し下へ動かしてみる。まず $(3,2)$ の釘のところで糸が引っかかって折れ曲がることがわかる。さらに端を下げていくと、今度は $(1,0)$ の釘でひっかかる。$(3,2)$ と $(1,0)$ の間の $(2,1)$ の釘の場所も糸は通過するが、$(1,0)$–$(2,1)$–$(3,2)$ と並んだ3本の釘は一直線上にあるので、$(2,1)$ では糸は折れ曲がらず、通過するだけである。図では釘がかなり太いように描かれているが、丸く見えているのは釘の頭であって、釘の本体は無限に細いと考えることにしよう。

199

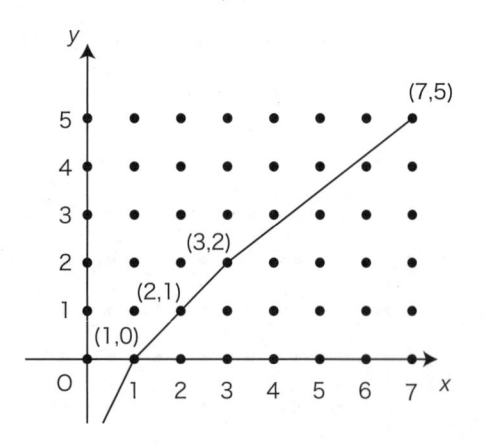

次に、糸を上の方向へ動かしてみよう。今度は糸は $(1,1)$ でひっかかって折れ曲がる。糸は $(4,3)$ の釘のところも通過するが、$(1,1)-(4,3)-(7,5)$ の3本の釘が一直線上に並んでいるので、$(4,3)$ では糸は折れ曲がらず、通過するだけである。さらに上へ動かしていくと、$(0,1)$ でも糸が折れ曲がる。

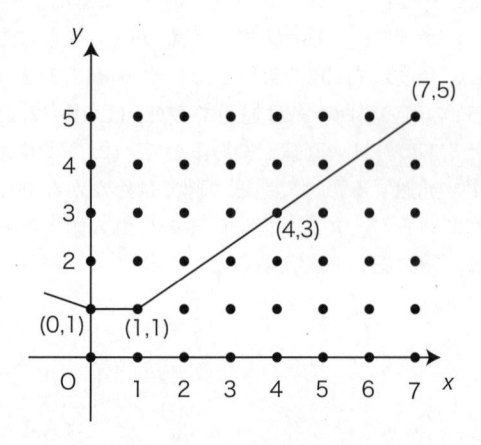

200

CHAPTER 6　神様の糸と中間近似分数

以上をまとめると、$(7,5)$ の釘から糸を原点方向に引っ張って上下に動かしたときに

　　　（折れ曲がる釘）：$(0,1)$、$(1,0)$、$(1,1)$、$(3,2)$
　　　　（通過する釘）：$(2,1)$、$(4,3)$

となっていることがわかった。

これらの折れ曲がる釘と、通過する釘は、連分数と深いつながりがある。原点から $(7,5)$ の釘へと結んだ糸の傾きは $\frac{5}{7}$ だが、その $\frac{5}{7}$ を連分数であらわしてみると

$$\frac{5}{7} = 0 + \cfrac{1}{1+\cfrac{1}{2+\cfrac{1}{2}}}$$

となり、この連分数の近似分数を順次計算していくと

0 次近似分数は $0 = \frac{0}{1} \leftrightarrow$ 原点から見て $(1,0)$ の釘方向の傾き

1 次近似分数は $0 + \frac{1}{1} = \frac{1}{1} \leftrightarrow (1,1)$ の釘方向の傾き

2 次近似分数は $0 + \cfrac{1}{1+\cfrac{1}{2}} = \frac{2}{3} \leftrightarrow (3,2)$ の釘方向の傾き

つまり、$(0,1)$ 以外の釘は全て連分数の近似分数としてあらわれているのだ。形式的に $\frac{1}{0} = \infty$ を「-1 次近似分数」とする流儀もあり、そうすれば「折れ曲がる釘」＝「近似分数」となるが、本書では $(0,1)$ だけ例外として扱うことにする。

では、通過する釘 $(2,1)$、$(4,3)$ は連分数と関係あるのだろうか？　これらの釘は、連分数の「**中間近似分数**」というものに対応しているのだ。まず中間近似分数とはどういうものか、お見せしよう。

201

$\dfrac{5}{7}$ の 2 次近似分数

$$0+\cfrac{1}{1+\cfrac{1}{2}}$$

を考え、この分数の一番下にある分母 2 を、より小さい自然数 1 に取りかえる。

$$0+\cfrac{1}{1+\cfrac{1}{1}}=\dfrac{1}{2}$$

これが 2 次の中間近似分数の例であるが、$(2,1)$ の釘に対応している。

中間近似分数　$\dfrac{1}{2} \leftrightarrow (2,1)$ の釘方向の傾き

次に 3 次近似分数

$$0+\cfrac{1}{1+\cfrac{1}{2+\cfrac{1}{2}}}$$

を考え、この分数も、一番下にある分母 2 を、より小さい自然数 1 に取りかえる。

$$0+\cfrac{1}{1+\cfrac{1}{2+\cfrac{1}{1}}}=\dfrac{3}{4}$$

これは 3 次の中間近似分数の例であり、$(4,3)$ の釘に対応している。

中間近似分数　$\dfrac{3}{4} \leftrightarrow (4,3)$ の釘方向の傾き

一般に、α の n 次近似分数が

CHAPTER 6　神様の糸と中間近似分数

$$a_0 + \cfrac{1}{a_1 + \cfrac{1}{\ddots \cfrac{1}{a_{n-1} + \cfrac{1}{a_n}}}}$$

であるとき、一番下にある分母 a_n をより小さい自然数 k に取りかえて作った分数

$$a_0 + \cfrac{1}{a_1 + \cfrac{1}{\ddots \cfrac{1}{a_{n-1} + \cfrac{1}{k}}}} \qquad (1 \leqq k < a_n)$$

を α の<u>中間近似分数</u>、あるいはより詳しく、α の <u>k 番目の n 次中間近似分数</u>とよぶ。

この、(例外 $(0,1)$ を除いて)「糸が折れ曲がる釘」↔「連分数による近似分数」、「糸が通過する釘」↔「連分数による中間近似分数」 と対応する、という現象は $(7,5)$ の釘に限らず、全ての釘に対して成り立つ。すなわち、次の定理が成り立つ。

定理7

n と m は互いに素な自然数とする。(n,m) の釘に糸を結びつけ、原点 $(0,0)$ まで糸をまっすぐピンと張り、そして原点側で糸を上下に動かしたとき、$(0,1)$ の釘では必ずひっかかって折れ曲がる。$(0,1)$ 以外の釘を考えると、糸が折れ曲がる釘と、$\dfrac{m}{n}$ を連分数であらわしたときの近似分数 $\dfrac{p}{q}$ とが一対一に対応する。すなわち (q,p) の釘で糸が折れ曲がるならば $\dfrac{p}{q}$ が連分数の近似分数としてあらわれ、逆に $\dfrac{p}{q}$ が近似分数としてあらわれれば、糸は (q,p) の釘で折れ曲がる。

同様に、糸が折れ曲がらずに通過する釘と、$\frac{m}{n}$ を連分数であらわしたときの中間近似分数 $\frac{a}{b}$ とが一対一に対応する。すなわち (b, a) の釘を糸が折れ曲がらずに通過するならば $\frac{a}{b}$ が中間近似分数としてあらわれ、逆に $\frac{a}{b}$ が中間近似分数としてあらわれるならば、(b, a) の釘を糸が折れ曲がらずに通過する。

　定理の証明は省略するが、その意義を強調しておこう。この定理は、「最善の近似」が全て連分数の（中間）近似分数としてあらわれる、ということを主張しているのだ。

　$(7, 5)$ の釘から糸を引っ張った場合を考えてみよう。糸を上下に動かしたときに $(0, 1)$、$(1, 0)$、$(1, 1)$、$(3, 2)$ で糸が折れ曲がった、ということは、糸は次の図の灰色部分を、原点を除いて、自由に動き回ることができた、ということになる。つまりこの灰色部分の内部には、原点 $(0, 0)$ を除いて釘は一本もなく、灰色部分の境界線上の釘は、連分数近似と中間近似であらわれる釘だけしかない。連分数近似としてあらわれる $\frac{2}{3}$ や、中間近似としてあらわれる $\frac{3}{4}$ は、$\frac{5}{7}$ のよい近似だからこそ、傾き $\frac{5}{7}$ から動かし始めた糸が他の釘に引っかかる前に、そこで引っかかったり通過したりするわけである。

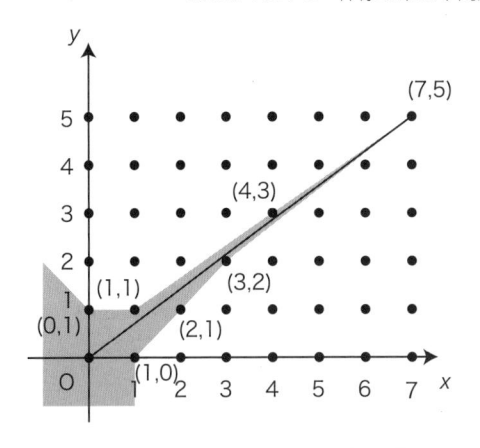

CHAPTER 6　神様の糸と中間近似分数

(n,m) の釘から原点 $(0,0)$ にまっすぐ糸を伸ばすと、その傾きは $\dfrac{m}{n}$ という有理数になる。では、糸の傾き α を無理数にしてみると、どうなるだろう？　原点から、傾き α の方向に糸をどんどん伸ばしていく。α が無理数なので、糸はどの釘の上も通過せず、どこまでも伸びていく。そこでその無限の先で、糸の端を神様に持ってもらうことにしよう。そして、糸をピンと張りながら原点の側の糸の端を上下に動かしてみる。すると糸は無限の彼方からこちらまで、何ヵ所もの釘で折れ曲がり、あるいは折れ曲がることなく通過する。その折れ曲がる場所、通過する場所も、やはり連分数によって求めることができる。つまり、次の定理が成り立つ。

定理8

α は無理数とする。傾き α の方向（ただし x 軸に関しては正の方向）の無限の先で神様に糸の端っこを持ってもらい、人間の側では原点 $(0,0)$ まで糸をまっすぐピンと張る。そして原点側で糸を上下に動かしたとき、$(0,1)$

の釘では必ずひっかかって折れ曲がる。$(0,1)$ の釘を除くと、糸が折れ曲がる釘と、α を連分数であらわしたときの近似分数 $\frac{p}{q}$ とが一対一に対応する。すなわち (q,p) の釘で糸が折れ曲がるならば $\frac{p}{q}$ が連分数の近似分数としてあらわれ、逆に $\frac{p}{q}$ が近似分数としてあらわれれば、糸は (q,p) の釘で折れ曲がる。

同様に、糸が折れ曲がらずに通過する釘と、α を連分数であらわしたときの中間近似分数 $\frac{a}{b}$ とが一対一に対応する。すなわち (b,a) の釘を糸が折れ曲がらずに通過するならば $\frac{a}{b}$ が中間近似分数としてあらわれ、逆に $\frac{a}{b}$ が中間近似分数としてあらわれるならば、(b,a) の釘を糸が折れ曲がらずに通過する。

α を黄金比として図を描いてみると、次のようになる。第5章第4節「黄金比とフィボナッチ数」で、旅の数術師にだまされそうになった我々の眼では、ほとんど一直線に見えてしまう。

CHAPTER 6 神様の糸と中間近似分数

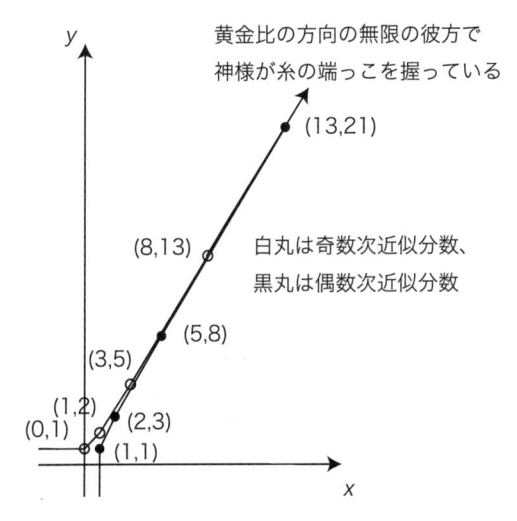

黄金比の方向の無限の彼方で
神様が糸の端っこを握っている

(13,21)

(8,13) 白丸は奇数次近似分数、
黒丸は偶数次近似分数

(5,8)

(3,5)
(1,2)
(0,1) (2,3)
(1,1)

無理数 α を最善に近似する分数は、α を連分数であらわしたときの（中間）近似分数としてあらわれてくるのだ。「糸がひっかかる釘」みたいな幾何的な表現ではなく、近似の誤差が小さい分数、という表現で言えば、次の定理が成り立つ。これも証明は省略する。

定理9

n と m は整数とし、α と $\frac{m}{n}$ の差は $\frac{1}{n^2}$ 以下であるとすれば、$\frac{m}{n}$ は α の連分数の中間近似分数、あるいは近似分数としてあらわれる。より強い条件「α と $\frac{m}{n}$ との差が $\frac{1}{2n^2}$ 以下である」を仮定すれば、$\frac{m}{n}$ は α の連分数による（中間ではない）近似分数としてあらわれる。

> **結論**
>
> αという数を高い精度で近似する分数は、αの連分数による近似分数、あるいは中間近似分数としてあらわれる。

2. 代打の選択

野球の**打率**は打数として数えられる打席の中でヒット（＝安打）になったものの割合なので

$$打率 = \frac{\text{ヒット数}}{\text{打数}}$$

であり、通常は小数点以下4桁目を四捨五入してあらわされる。例えば3打数1安打なら0.3333…の小数点以下4桁目を切り捨てて打率は3割3分3厘となり、3打数2安打ならば0.6666…の小数点以下4桁目を切り上げて6割6分7厘となる。

さて、今年の野球シーズンも大詰め、優勝するためには今日の試合は絶対に落とせない。試合は延長戦に入り、サヨナラ勝ちの絶好のチャンスに投手に打順がまわってきた。当然代打だが、候補は2人しか残っていない。1人は打率が5割0分0厘、もう1人は打率が3割3分4厘。さあ、あなたが監督だったらどちらの選手を代打に起用するだろうか？

え？「打率のよい打者を選ぶに決まってるだろう、何を迷うことがあるんだ」って？　日本のプロ野球で年間の規定打席を消化して4割を打った選手はまだいない（打率の公式記録では、規定打席という決められた回数以上打数がないと、カウントされない）。つまり、シーズン終盤で打率5割、という選手は、今年はあまり出番がなかったと推測されるわけだ。例えば2打数1安打とか、4打数2安打とか。

CHAPTER 6 神様の糸と中間近似分数

　一方の3割3分4厘というのはどうか？　厘の位が3厘じゃなくて4厘、というところがポイントで、3割3分3厘なら3打数1安打で達成できるが、3割3分4厘になるためには何安打くらいしなくてはならないだろう？　もちろん1000打数334安打とか、2で約分して500打数167安打でぴったり3割3分4厘になるが、四捨五入して3割3分4厘になればよいので、もっと少ない打数で達成できそうだ。打率3割3分4厘の選手は、最低何安打しているか？　それがこの節の課題である。

　3割3分4厘は実はちょっと大変なので、まず打率2割6分6厘の場合を考えてみよう。最低何安打で、2割6分6厘になるだろうか？　最低安打数で2割6分6厘になる、というのは「分子が小さい割には0.266に近い」という意味で、$\frac{266}{1000}$ の「最善」の近似であり、0.266の連分数の（中間）近似分数の分母と分子としてあらわれることがわかる（証明は省略）。そこで0.266の（中間）近似分数を順に調べていけばよい。まず0.266を連分数展開すると

$$0.266 = \cfrac{1}{3 + \cfrac{1}{1 + \cfrac{1}{3 + \cfrac{1}{6 + \cfrac{1}{2 + \cfrac{1}{2}}}}}}$$

となるので、この（中間でない）近似分数を取ると

$$\frac{1}{3} = 0.333\cdots$$
$$\frac{1}{3 + \frac{1}{1}} = \frac{1}{4} = 0.250$$

209

$$\cfrac{1}{3+\cfrac{1}{1+\cfrac{1}{3}}} = \frac{4}{15} = 0.26666\cdots$$

$$\cfrac{1}{3+\cfrac{1}{1+\cfrac{1}{3+\cfrac{1}{6}}}} = \frac{25}{94} = 0.265957\cdots$$

ここで打率が四捨五入で2割6分6厘になったので、この最後の6を1から順に増やしていって、中間近似分数を調べればよい。

$$\cfrac{1}{3+\cfrac{1}{1+\cfrac{1}{3+\cfrac{1}{1}}}} = \frac{5}{19} = 0.2631\cdots$$

$$\cfrac{1}{3+\cfrac{1}{1+\cfrac{1}{3+\cfrac{1}{2}}}} = \frac{9}{34} = 0.2647\cdots$$

$$\cfrac{1}{3+\cfrac{1}{1+\cfrac{1}{3+\cfrac{1}{3}}}} = \frac{13}{49} = 0.2653\cdots$$

$$\cfrac{1}{3+\cfrac{1}{1+\cfrac{1}{3+\cfrac{1}{4}}}} = \frac{17}{64} = 0.2656\cdots$$

ここで四捨五入して2割6分6厘になったので、結局4番目の4次中間近似分数による64打数17安打が、最少安打数での打率2割6分6厘の達成、ということになる。

では次に、本題の3割3分4厘だ。0.334を連分数に展開

CHAPTER 6　神様の糸と中間近似分数

してみると

$$0.334 = 0 + \cfrac{1}{2 + \cfrac{1}{1 + \cfrac{1}{166}}}$$

であり、その（中間でない）近似分数は

0 次近似が　$\dfrac{0}{1} = 0.00$

1 次近似が　$0 + \dfrac{1}{2} = 0.500$

2 次近似が　$0 + \cfrac{1}{2 + \cfrac{1}{1}} = 0.333\cdots$

3 次近似が　$0 + \cfrac{1}{2 + \cfrac{1}{1 + \cfrac{1}{166}}} = 0.334$

なので、この最後の 166 を 1 から順に増やしていけばよい……って、それを全部やるのは大変だ。k 番目の 3 次中間近似分数を式であらわしてみると

$$\cfrac{1}{2 + \cfrac{1}{1 + \cfrac{1}{k}}} = \frac{1+k}{2+3k}$$

となる。これを四捨五入して 0.334 になればよいので

$$0.3335 \leqq \frac{1+k}{2+3k} < 0.3345$$

となればよい。$k=1$ だと $\dfrac{1+k}{2+3k} = \dfrac{2}{5} = 0.4$、$k=2$ だと $\dfrac{1+k}{2+3k} = \dfrac{3}{8} = 0.375$、あと k を大きくしていくと（つまりこのあと 3 打数 1 安打のペースを続けると）だんだん打率が $\dfrac{1}{3} = 0.333\cdots$ に近づいていく。よってどの時点で 0.3345 より小さ

くなるかを見ればよい。そこで

$$\frac{1+k}{2+3k} = 0.3345 = \frac{669}{2000}$$

とおくと

$$2000(1+k) = 669(2+3k)$$

これを整理して

$$662 = 7k$$

つまり $k = 94.5714\cdots$ となる。よって $k = 95$ のとき

$$\frac{1}{2+\dfrac{1}{1+\dfrac{1}{95}}} = \frac{96}{287} = 0.33449477\cdots$$

となり、確かにぎりぎりで四捨五入して 3 割 3 分 4 厘になることが確かめられた。つまり、3 割 3 分 4 厘の打率になるための最少打数、最少安打数は 287 打数 96 安打なのである。

打率 5 割を打つためには 2 打数 1 安打で十分なのに、打率 3 割 3 分 4 厘を打つためには 96 安打以上打たなくてはならない。どちらの選手を代打に送るか、という最初の問題に戻ると、ここはシーズンを通して活躍し続けてくれた 3 割 3 分 4 厘の打者で勝負をかけるしかない、という結論になる。

[練習問題15]

次の打率を達成するのに、最低で何打数何安打が必要か調べよ。

(1) 3 割 1 分 6 厘
(2) 2 割 8 分 5 厘
(3) 3 割 3 分 2 厘

(4) 3割9分7厘

(解答は316ページ)

> |結論|
>
> ある打率を達成するための最低の安打数、打数は、その打率の連分数による（中間）近似分数としてあらわれるので、それを利用して計算で求めることができる。

CHAPTER 7

連分数と黄金比と松ぼっくり

　下は、近所の松林で拾ってきた**松ぼっくり**の写真だ。「鱗片(りんぺん)」がうろこ状に並び、渦を巻いているように見える。渦が何本あるか、数えてみよう。

　中心部は形が崩れてよくわからないので、渦の周辺部に着目して、どの鱗片もちょうど1回だけ数えるように外側から渦を描いてみると数えやすい。

CHAPTER 7　連分数と黄金比と松ぼっくり

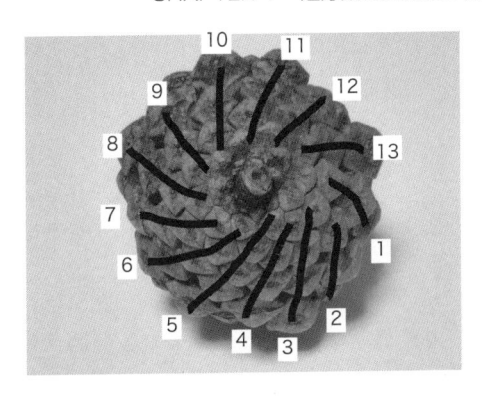

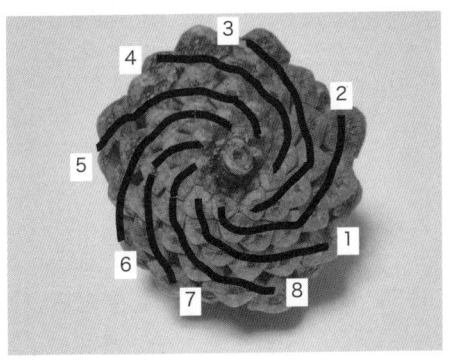

　上の図のとおり、中心から右巻きに 13 本、左巻きに 8 本の渦が重なっている。8 と 13、ともにフィボナッチ数だ。松ぼっくりに限らず、植物の花弁の数や葉の数、あるいは種の個数など、フィボナッチ数になることが大変多い。なぜフィボナッチ数なのか、この章では連分数を使って、その説明を試みることにしよう。

215

1. 有理数回転

　松ぼっくりの「鱗片」がどういう役割を担っているのか知らないが、葉っぱであれば、太陽の光を受けることがその役割であろう。とすれば、なるべく互いに重ならないように広がることが理想的だ。鱗片だって、互いに重ならないようまんべんなく広がっているように見える。

　そこで、次のようなルールでまんまるの葉（またはまんまるの鱗片）を配置するシミュレーションを行い、どうすれば理想的に葉が広がっていくか、実験してみよう。なお、下の図は、松ぼっくりでいえば中心軸、葉っぱであれば茎、を真上から見た様子であり、中心軸は真ん中の黒丸としてあらわされている。

　まず1本目の枝を右方向に出し、丸い葉っぱを1枚つける。

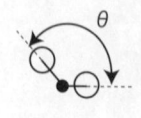

　次に一定の角度 θ だけ回転した方向に枝を出し、2枚目の葉をつける。枝は1枚目より少し長めにする。

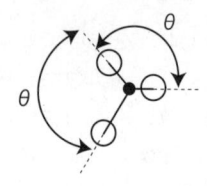

　さらに同じ角度 θ だけ回転した方向に枝を出し、3枚目の葉をつける。枝は2枚目よりさらに長めにする。

　以下次々と θ ずつ回転した方向に枝を出し、葉を1枚ずつ、つけていく。

　次に、枝の長さのルールを説明しよう。実は上の図は、「枝を回転して順々に葉をつけていく」ということを説明するた

CHAPTER 7 連分数と黄金比と松ぼっくり

めの図であって、正しい枝の長さよりも長過ぎる。円形の葉の半径を1とすると、1枚目の葉の枝の長さは1、2枚目の葉の枝の長さは$\sqrt{2}$、3枚目は$\sqrt{3}$、4枚目は$\sqrt{4}=2$、というようにしていくのである。回転角θを90°として5枚の葉を配置してみると、次の図のようになる。

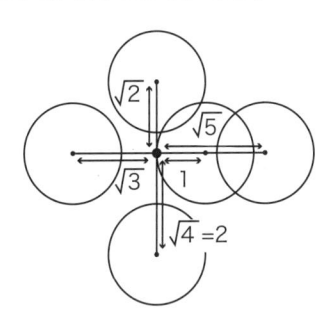

n枚目の葉の枝の長さを$\sqrt{n}$とするのだが、それには、葉の面積の合計と、それで覆われる円の面積とを揃える、という意味がある。例えば葉が100枚あると、葉の面積は1枚あたりπなので、100枚で100πとなる。その100枚の葉の中心は全て半径$\sqrt{100}=10$の円の中に入るが、半径10の円の面積がちょうど$10\times 10\times \pi=100\pi$となり、葉の面積100枚分になる、そのように枝の長さを決めたわけだ。

面積だけでいえば、100枚の葉は半径10の円をぴったり覆うだけの面積がある。しかし100個の半径1の円が互いに重なりも隙間もなくぴったり半径10の円を覆い尽くすことはできないので、互いに重なり合い、その分、隙間もできる。面積がぴったり合っているということは、重なりを小さくすれば隙間も小さくなり、理想に近い葉の配置が実現できそう、というわけだ。

217

では回転角 θ をどう選べば、理想に近くなるだろうか？

まず試しに $\theta = 30° = \frac{1}{12}$ 回転、で 100 枚ほど葉っぱをおいてみると、次のような図になる。

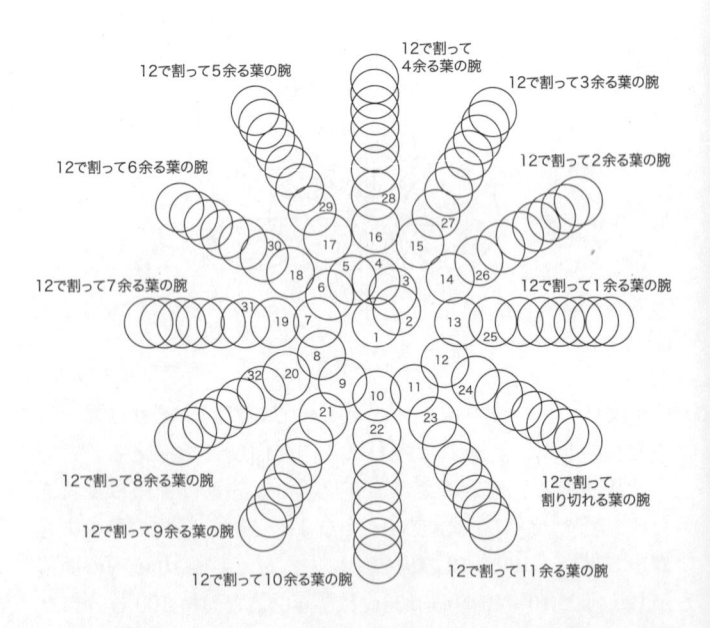

葉の番号を1番から順に追ってみよう。30°ずつ反時計回りに回りながら、外へ広がっていく。12枚ごとに1回転するので12本の腕状にまっすぐに葉が重なり合い、隙間も大きくなって理想からはほど遠い。$30° = \frac{1}{12}$ 回転の回転数 $\frac{1}{12}$ が 12 という小さい分母を持つために、12 の方向に葉が集中してしまうのだ。同時に、その腕と腕の間には葉っぱは配置されず、大きな隙間があくことにもなる。

では、分母を大きくすればよいのだろうか？　試しに $\frac{64}{201}$

CHAPTER 7 連分数と黄金比と松ぼっくり

回転 $= 114.62\cdots°$ で 50 枚の葉を配置してみよう。

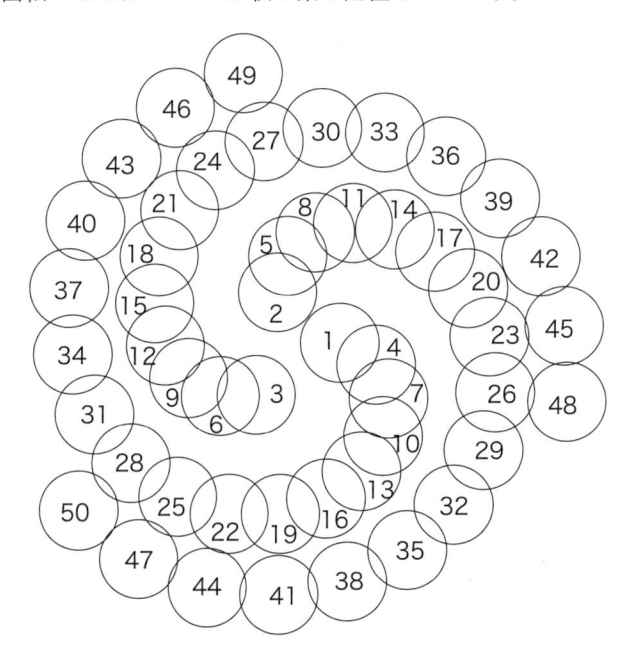

　せっかく分母を大きくしたのに、中央に 3 本の腕が見えている。回転角 $114.6268656\cdots°$ が $120° = \dfrac{1}{3}$ 回転に近いので、そのために葉 3 枚ごとに約 1 回転して、3 本の腕をなしているのだ。50 枚目のあたりではそろそろ腕の間の隙間がなくなってきて、いい感じに見える。ではもっと枚数を増やして、同じ $114.62\cdots° = \dfrac{64}{201}$ 回転で 500 枚の葉を配置してみよう。

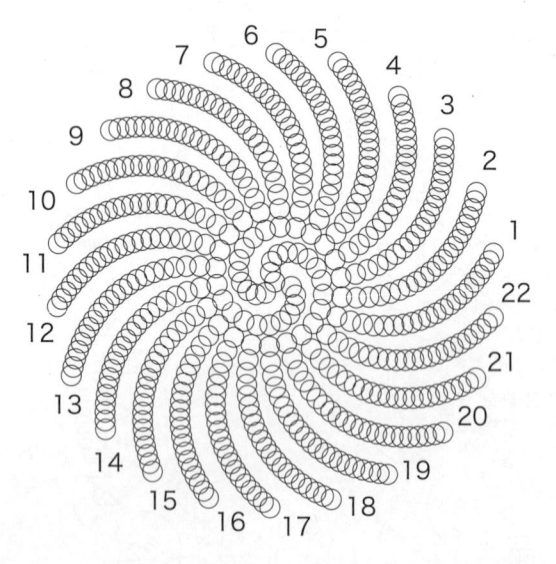

外の方では3本の腕は見えなくなったが、今度は新たに22本の腕が見えてきた。これは回転角 $114.6268656\cdots° = \frac{64}{201}$ 回転が、$\frac{7}{22}$ 回転 $= 114.545454\cdots°$ に極めて近いためにこうなってしまうのである。つまり、22枚目ごとに約7回転してほぼ同じ方向に配置されるのだ。回転角がぴったり $\frac{7}{22}$ 回転ではなくそれよりわずかに大きいため、渦巻きが左巻きとなる。

大きい分母を持つ分数を回転数として選んでも、その回転数が分母の小さい分数に近い値だと、その小さい分母の本数の腕の上に葉が集中してしまい、隙間ができることがわかった。ここで、$\frac{64}{201}$ という分数が $\frac{1}{3}$ や $\frac{7}{22}$ に近いことは、連分数を使っても求めることができる。$\frac{64}{201}$ を連分数に展開して近似分数を求めると

CHAPTER 7 連分数と黄金比と松ぼっくり

$$\frac{64}{201} = 0 + \cfrac{1}{3 + \cfrac{1}{7 + \cfrac{1}{9}}}$$

となるので、1次近似分数は $\frac{1}{3}$ だし、2次近似分数は $\cfrac{1}{3+\cfrac{1}{7}} = \frac{7}{22}$ となる。言い換えると、上の2つの図における葉の配置がなす3本の腕と、22本の腕は、回転数 $\frac{64}{201}$ の連分数近似を図示しているとも思えるのだ。また、1次近似 $\frac{1}{3}$ や2次近似 $\frac{7}{22}$ の精度が高いのは、定理6（190ページ）により、連分数表示の次の分母、つまり7や9、が比較的大きい数であることが反映していると考えられる。

回転数を有理数にすることには、本質的にまずい点がある。回転数が $\frac{n}{m}$ 回転であれば、必ず m 本のまっすぐの腕があらわれ、その間に隙間ができる。$114.6268656\cdots° = \frac{64}{201}$ 回転の場合も、5万枚の葉を配置すると201本の腕が見えてくる。

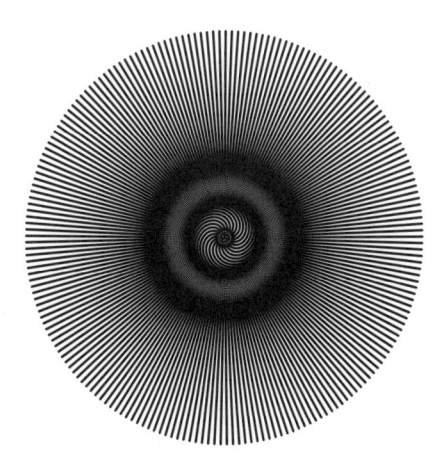

このように、回転数が有理数だと、どうしてもその分母の本数の腕にわかれてしまい、隙間ができるのだ。

> **結論**
>
> 葉っぱをルールに従って配置していくと、回転数の連分数近似が、葉っぱがなす渦巻きの腕としてあらわれ、その腕の本数は近似分数の分母に等しい。有理数回転で葉っぱを配置すると、枚数が多くなるにつれ、どうしてもその分数表示の分母を本数に持つ腕があらわれ、隙間ができてしまう。

2．無理数回転

では、回転数を無理数にすると、どうなるだろう？ いわば「分母を無限に」するようなものなので、何枚葉を配置しても、何本かのまっすぐな腕にわかれることはないはずだ。試しに、円周率

$$\pi = 3 + \cfrac{1}{7 + \cfrac{1}{15 + \cfrac{1}{1 + \cfrac{1}{292 + \cdots}}}}$$

を回転数として使ってみよう。まず100枚おいてみると

CHAPTER 7　連分数と黄金比と松ぼっくり

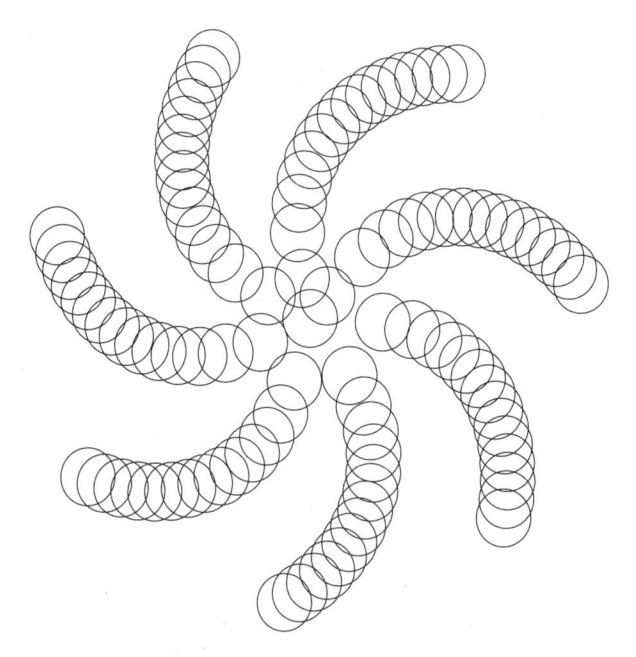

7本の腕がはっきり見えてしまう。$3\frac{1}{7} = 3.142857\cdots$ という1次連分数近似が、円周率 $\pi = 3.1415926\cdots$ のよい近似であるために、葉っぱは7本の腕の上に集中して配置され、重なりも隙間も大きくなってしまうのである。次に1000枚おいてみると、7本の腕がずれていって、新しい渦巻きができつつあるところが見える。注意深く数えると、新しい腕が113本（$16 \times 6 + 17$）できつつあることがわかる。

223

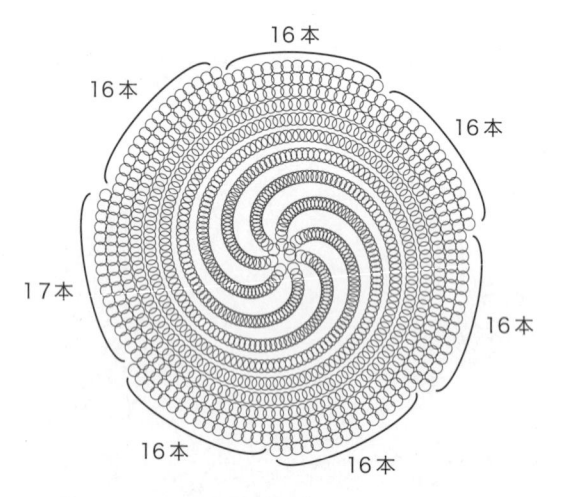

16本 16本
16本
16本
17本
16本
16本 16本

1万枚の葉をおいてみると

CHAPTER 7 連分数と黄金比と松ぼっくり

 このようになり、まるで円周率 π が有理数であるかのようだ。これは $\frac{355}{113}$ があまりによい近似なので、113 本の腕が、ほとんどまっすぐ伸び、その隙間がはっきり見えている状態である。実際、$\frac{355}{113} = 3.14159292035\cdots$ なので、π = 3.1415926535 との差は 0.000000266… となり、1 万枚目の枝の方向における $\frac{355}{113}$ 回転と π 回転の間の差は 0.00266 回転 = 0.9576°、つまり 1 万枚目でも角度の差は 1 度以下となり、肉眼では区別ができない。

 円周率の場合、連分数の近似分数の中でも 1 次近似分数 $3\frac{1}{7} = \frac{22}{7}$ と 3 次近似分数 $3 + \cfrac{1}{7 + \cfrac{1}{15 + \cfrac{1}{1}}} = 3\frac{16}{113} = \frac{355}{113}$ が特に精度のよい近似分数で、「腕」としてはっきり見える。一方、2 次近似 $3 + \cfrac{1}{7 + \cfrac{1}{15}} = \frac{333}{106} = 3.14150943\cdots$ も悪い近似ではないのだが、$3\frac{1}{7}$ や $3\frac{16}{113}$ ほどは近似のよさがずば抜けていないために、単に葉っぱの図だけを見てもよくわからない。106 枚おきに葉っぱの色を変えると、次の図のように腕の 1 本がはっきり見えるようになる。これは 2000 枚の葉を配置し、1 枚目、107 枚目、213 枚目、……を「黒い葉」にしてみた図である。こうしてみると確かに列をなして並んではいるけれども、腕をなしているとはよべない感じである。「腕」として見分けられるほど、ずば抜けてよい近似ではない、ということだ。葉っぱを配置することによって、近似のよし悪しが視覚化されているのである。

連分数の威力は、近似分数を見つけられるだけでなく、近似のよさもある程度判定できることである。つまり、連分数表示の次の分母が大きくなれば、精度がよいのだ（190ページ定理6参照）。πの1次近似分数や3次近似分数の精度がよいのは、それぞれ次の連分数表示の分母に15や292のような大きい数が出てきていることからもわかる。

一方、2次近似分数は、次の連分数表示の分母が1なので、図に描いてみても腕としてはっきり見えないほどに精度が悪い。円周率πの連分数表示

$$\pi = 3 + \cfrac{1}{7 + \cfrac{1}{15 + \cfrac{1}{1 + \cfrac{1}{292 + \cdots}}}}$$

CHAPTER 7 連分数と黄金比と松ぼっくり

を見ているだけで、1次近似と3次近似の精度はよく、2次近似の精度は悪そうだ、と見当がつく。葉っぱとして絵に描いてみると確かに1次近似と3次近似だけが腕としてはっきり見える、ということからも、その近似の精度のよし悪しの判定が正しかったことが確かめられる。

このように、回転数を無理数にしても、その無理数が「よい有理数近似」を持っていれば、その近似有理数の分母の本数を持つ腕があらわれて、葉の配置が腕の上に偏り、重なりと隙間ができてしまうことがわかった。では、できるだけ「よい有理数近似」を持たないような無理数を探すとどうなるだろうか？ 前の章まででわかっていることをまとめると

(1) よい有理数近似は、必ず連分数近似としてあらわれる。(205ページ定理8、または207ページ定理9参照)
(2) 連分数による近似分数は、連分数表示におけるその次の分母が大きくなればなるほど、精度がよくなる。(定理6)

(1)により、全ての近似分数の精度を悪くするためには、連分数近似の精度さえ悪くすればよい。そして連分数近似の精度を悪くするためには、(2)により連分数表示にあらわれる分母をできるだけ小さくすればよい。つまり分母として1を並べた連分数が、「有理数近似の精度がもっとも悪い無理数」となり、葉っぱの配置としては最強の回転数だ。具体的に書いてみると

$$1+\cfrac{1}{1+\cfrac{1}{1+\cfrac{1}{1+\cfrac{1}{1+\cdots}}}}$$

227

これは**黄金比**である。では、回転数を黄金比 $1.618\cdots$ とすると、$360 \times \dfrac{1+\sqrt{5}}{2} = 582.492\cdots°$、これは 1 回転半をちょっと越えたところなので、2 回転 $= 720°$ から引き算した $137.507764\cdots°$ だけ逆向きに回転するのと同じことになる。一見黄金比でなくなってしまったが、$137.507764\cdots°$ とは $\dfrac{3-\sqrt{5}}{2}$ 回転のことであり

$$\frac{3-\sqrt{5}}{2} = 0 + \cfrac{1}{2 + \cfrac{1}{1 + \cfrac{1}{1 + \cfrac{1}{1 + \cfrac{1}{1 + \cdots}}}}}$$

となるので、最初の 2 を除いておなじく 1 が並ぶ無理数であり、やはり「有理数近似の精度がもっとも悪い無理数」である。では $137.507764\cdots°$ の回転で、100 枚の葉をおいてみよう。

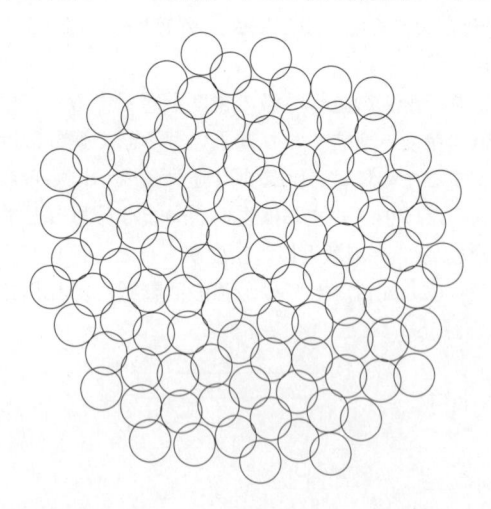

CHAPTER 7 連分数と黄金比と松ぼっくり

見るからに、非常に均等に配置されていることがわかる。よく見ると次の図のように、右巻きに13本、左巻きに21本の渦巻きが見える。

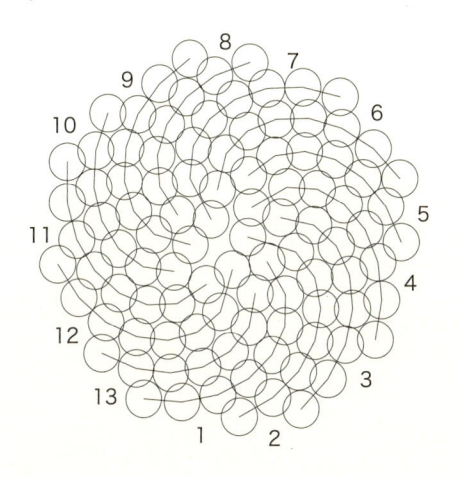

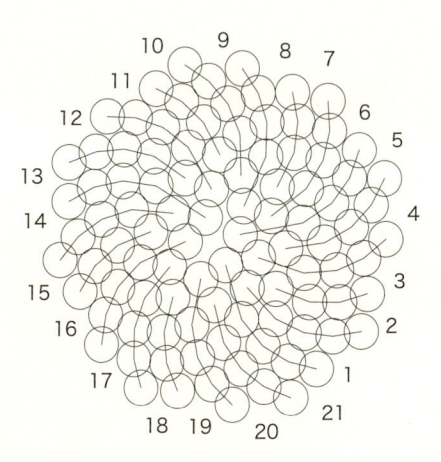

これらは黄金比の連分数近似 $\frac{21}{13}$、$\frac{34}{21}$ に対応しているわけだ。黄金比の連分数近似はフィボナッチ数列の比となるので、渦巻きの腕の本数はフィボナッチ数となる。

　では次に、1000枚の葉っぱをおいてみよう。

　数えるのは大変だが、左巻きの55本の腕と右巻きの89本の腕が見える。

CHAPTER 7　連分数と黄金比と松ぼっくり

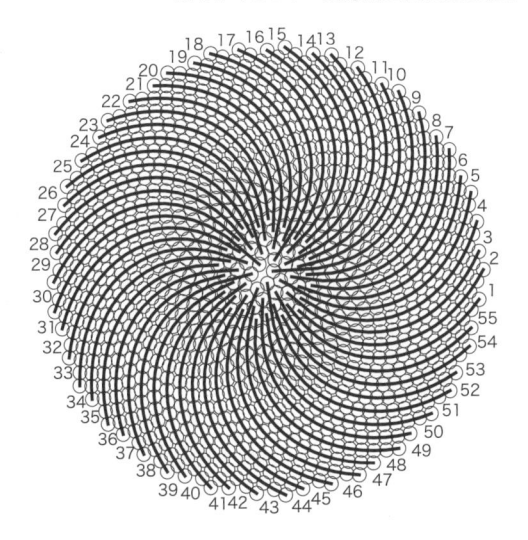

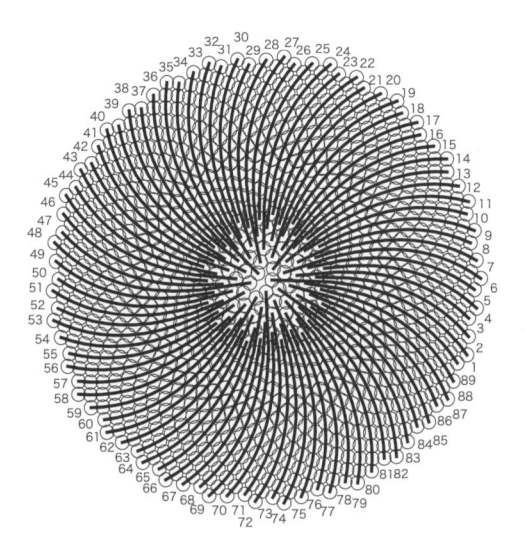

以上の実験から考えるに、松ぼっくりにフィボナッチ数があらわれるのは、松が鱗片を効率よく配置しようと黄金比回転を使っているのだ、と考えるのが自然なようだ。植物がどうやって黄金比を見つけたのか、どういう仕組みで一定の回転角度で枝を出しているのか、生物学にとんと疎い筆者には想像もつかない。

　この章で行ったのは、単純なモデルを考えて、そのモデルのうちでもっとも効率のよい葉の出し方を考えると黄金比回転が出てきて、その黄金比回転をしていると、フィボナッチ数の本数の渦巻きが出てくるので、松ぼっくりの観察と辻褄が合う、という「あとだし」みたいな説明に過ぎない。

　しかし一方で、ひまわりの種の渦巻きの本数が89本あった、という話を聞いたことがある。8や13と比べても、89は大きいフィボナッチ数であり、このような数が偶然出てくるというのはちょっと考えにくい。少なくとも、もしも植物がこの章のシミュレーションとそれほど変わらない仕組みで葉を出しているとすれば、その回転角はかなりよい精度で黄金比回転を行っているはずだ。回転角が0.05°だけずれた回転数の連分数近似を計算してみると、たったそれだけのずれで89を分母にする分数は出てこない。

　さて、黄金比回転の威力を感じてもらうために、1万枚の葉っぱの図がどうなるか見ていただこう。

CHAPTER 7 連分数と黄金比と松ぼっくり

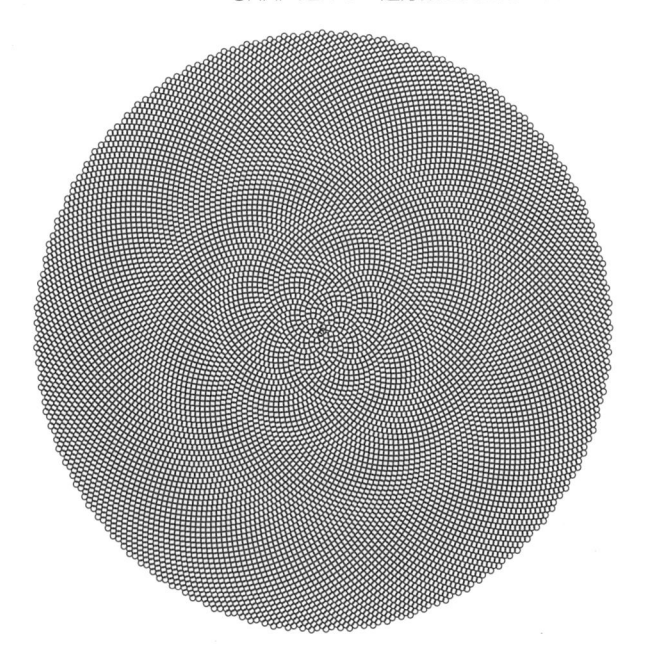

　これだけたくさん並べても、隙間が全く見えない。「どの有理数もよい近似にならない」という黄金比の性質が、このような現象を生むのである。

　黄金比でなくても、連分数表示であまり大きな分母が出てこない数がある。例えば、$\sqrt{2}$ だと分母はほとんど 2 だけだ。そこで $\sqrt{2}$ 回転で 101 枚おいた場合の図を見てみると

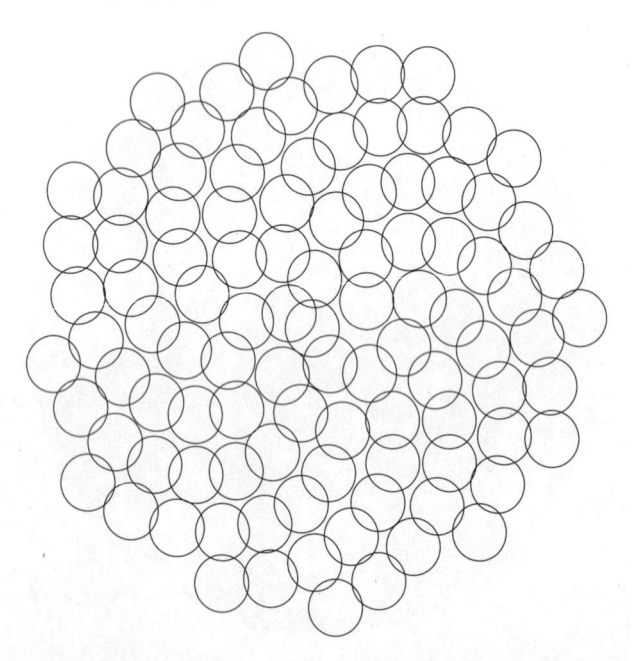

黄金比の場合と大きくは変わらないが、重なりがやや大きいかな、という気がする。腕の本数は右巻きに12本、左巻きに29本。

　1000枚だと、次の通り。こちらは左巻きに29本、右巻きに70本の腕があらわれている。

CHAPTER 7 連分数と黄金比と松ぼっくり

　黄金比よりも微妙に重なりが大きい。腕と腕の間にわずかに隙間が見えるが、それほど目立たない。
　これが $\sqrt{5}$ 回転で 101 枚おくと、重なりのみならず、隙間もかなり目立つようになる。

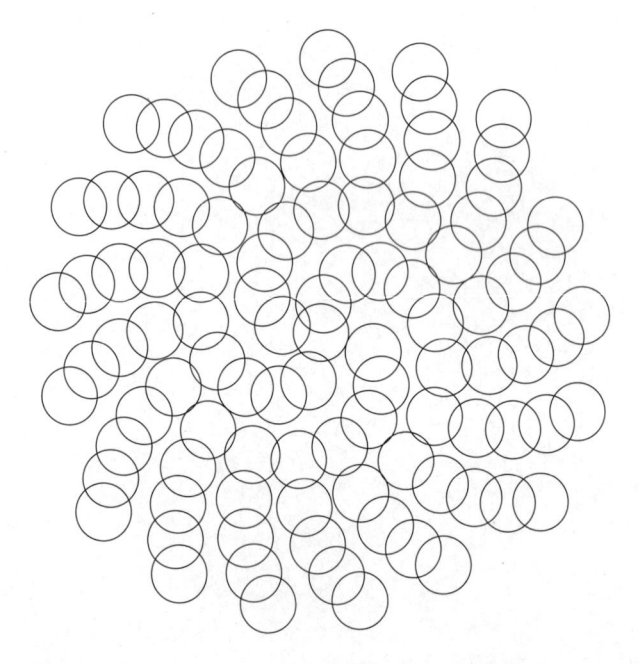

念のため思い出しておくと、$\sqrt{2}$ の連分数展開は

$$\sqrt{2} = 1 + \cfrac{1}{2 + \cfrac{1}{2 + \cfrac{1}{2 + \cfrac{1}{2 + \cdots}}}}$$

であり、$\sqrt{5}$ の連分数展開は

$$\sqrt{5} = 2 + \cfrac{1}{4 + \cfrac{1}{4 + \cfrac{1}{4 + \cfrac{1}{4 + \cdots}}}}$$

CHAPTER 7　連分数と黄金比と松ぼっくり

となる。やはり分母の数字が小さいほど、葉っぱがばらけて広がるのである。

以上の考察を、音楽にも応用することができる。互いに小さい整数の整数比に近い音程比の2音がよく協和する、というピタゴラスの仮説をもとに考えると、周波数比が1:黄金比となるような2音は「最も不協和な不協和音」となる音程差だ、ということになる。ソ♯とラの間を1:2くらいに内分した音程と、ドとの間が、大体黄金比。普通の楽器で演奏するのは難しい。

その代用として、$\sqrt{2}$ を考えてみよう。$\sqrt{2}$ は黄金比ほどではないにせよ、連分数で分母2が連なる。葉っぱの重なりの図を見ても、$\sqrt{2}$ はよい有理数近似を持たない数であることがわかった。だから周波数比 $\sqrt{2}$ となる2つの音を鳴らすと、不協和音になることが予想される。その $\sqrt{2}$ の周波数比は平均律の中に存在して、ファとソの間の黒鍵とドとの間の音程差となる。ピアノなどで鳴らしてみると、予想通り汚い不協和音になり、ピタゴラスの仮説がこの場合にも確かめられる。

この章で、黄金比はどの有理数からも最も離れている無理数である、という結果を紹介した。この話を聞いて「ということは、黄金比は無理数の中の無理数なんですね？」と質問した人がいる。とてもよい質問だ。そして答えは NO である。第9章第2節の定理10「リウヴィユの定理」で紹介する通り、有理数から遠く離れた数ほど、精度が高い有理数近似がある、という結果がある。黄金比がよい有理数近似を持たない、ということは、黄金比は無理数の中でもっとも無理数らしからぬ数だ、ということを意味するのである。

> **結論**
>
> 有理数による近似がもっとも悪い無理数は、黄金比である。もしかしたら植物はそのことを知っていて、黄金比回転で葉っぱや松ぼっくりの鱗片を配置しているので、植物の渦巻きの腕の本数にフィボナッチ数が出てくるのかもしれない。

CHAPTER 8

フェルマーとラマヌジャンの挑戦状

1. フェルマーからの挑戦状

「近頃(ちかごろ)は、整数論の勉強をまじめにやる者がいなくて、全く嘆かわしい限りである」というような前置きをして、**フェルマー**が1657年にフレニクルに送った手紙が残されている。フェルマーからの手紙を読んでみることにしよう。

「次のような問題を解いてもらえれば、整数論が深さにおいても難しさにおいても幾何学に決して劣るものではないことがわかってもらえると思う。D は**平方数**ではない数としよう。このとき、次のような性質を持つ数 y を見つけたいと思う。y を2乗して、それに D を掛け、さらに1を加えると、平方数になる、というのだ。D が平方数でさえなければ、そんな y が無限に存在することを証明してほしい」

（注釈） $4=2\times 2$ とか $9=3\times 3$ のように、他の整数の2乗になっているような自然数を**平方数**とよぶ。小さい方から順に並べると、平方数は 1、4、9、16、25、36、49、…。フェルマーは D として平方数でない数としているので、2、3、5、6、7、8、10、11、12、13、… のような数を考えていることになる。ここでの「数」とは、自然数のこと。

今の言葉で言うと、x と y に関する方程式

CHAPTER 8　フェルマーとラマヌジャンの挑戦状

$$x^2 = Dy^2 + 1$$

が、x も y も自然数となるような解を無限個持つことを示せ、というのだ。ちなみに、この方程式 $x^2 = Dy^2 + 1$ は**ペル方程式**とよばれている。18世紀の数学者オイラーがそうよび始めたので今はその名前が完全に定着しているが、実はそれは勘違いで、ペルはこの方程式については何も結果を出していない。フェルマーの手紙は、次のように続く。

「試しに $D = 61$ や $D = 109$ の場合をやってみるとよいと思う。その場合は、答えがそれほど大きくはならないから」

つまり

$$x^2 = 61y^2 + 1$$

や

$$x^2 = 109y^2 + 1$$

を満たすような自然数 x と y を見つけよ、というのだ。答えが大きくならないなんて、大嘘。後で見るように、コンピューターも電卓もない時代にしては、x も y も、かなり大きい数になる。さあ、あなたはこのフェルマーからの挑戦状に答えられるだろうか？

当時は数学の学会など存在せず、数学愛好者が互いに手紙でやりとりして研究を深める、そんな時代であった。フェルマーは同じ問題をヨーロッパ中の数学愛好者たちに送りつけたらしい。返事はイギリスから返ってきた。イギリス王立科学アカデミー長官の**ブラウンカー**とオックスフォード大学の幾何学教授、**ウォリス**からである。

x、y が分数の答えを送ってきて、「数といったら自然数に

決まっとる！」と突っ返される、なんてやりとりの末に見事に $D=61$ と $D=109$ の場合の正解にたどりついた。「喜んで正解と認めよう」と返事をしたフェルマーであったが、翌年別の数学者に、「でも証明はなかったんだ」と愚痴をいっている。

そういうフェルマー本人も、証明を書き残してはいない。以上のストーリーはヴェイユ著『整数論の歴史からの入門』に書いてある話であるが、フェルマーが証明を書き残さなかった理由について、ヴェイユの推測がある。フェルマーは証明の筋書きを理解していたけれども、当時はまだ添え字が発明されていなかったので、きちんと説明しようとすると大変なことになることがわかって、証明を書き下さなかったのだろう、というのだ。本書でも、解が存在することの証明は省いて、解の見つけ方だけを紹介することにしよう。

その計算方法は、もちろん連分数だ。$x^2 = Dy^2 + 1$ の両辺を y^2 で割ってみよう。

$$\left(\frac{x}{y}\right)^2 = D + \frac{1}{y^2}$$

なので、両辺のルートを取って

$$\frac{x}{y} = \sqrt{D + \frac{1}{y^2}}$$

ここで y が大きな数になる、というのだから、$\frac{x}{y}$ は $\sqrt{D}$ に大変近い数になるはずだ。

もっと正確に $\frac{x}{y}$ と $\sqrt{D}$ との差を計算してみよう。

$x^2 = Dy^2 + 1$ をまず $1 = x^2 - Dy^2$ と変形し、鍵の公式（70ページ）を使って

$$1 = x^2 - Dy^2 = x^2 - (\sqrt{D}y)^2 = (x + \sqrt{D}y)(x - \sqrt{D}y)$$

242

CHAPTER 8　フェルマーとラマヌジャンの挑戦状

と「因数分解」できるので、$(x+\sqrt{D}y)(x-\sqrt{D}y)=1$ の両辺を $x+\sqrt{D}y$ で割って $x-\sqrt{D}y=\dfrac{1}{x+\sqrt{D}y}$ となり、さらに y で割ると

$$\frac{x}{y}-\sqrt{D}=\frac{1}{y(x+\sqrt{D}y)} \quad \cdots\cdots(1)$$

となる。ところで $x^2=Dy^2+1>Dy^2$ なので、両辺の平方根を取って $x>\sqrt{D}y$、よって

$$y(x+\sqrt{D}y)>y(\sqrt{D}y+\sqrt{D}y)=2\sqrt{D}y^2$$

となる。逆数を取ると大小関係が逆転するので

$$\frac{1}{y(x+\sqrt{D}y)}<\frac{1}{2\sqrt{D}y^2} \quad \cdots\cdots(2)$$

(1)と(2)の式をあわせて

$$\frac{x}{y}-\sqrt{D}<\frac{1}{2\sqrt{D}y^2}$$

という不等式が得られた。右辺は小さい数になるので、これは、$\dfrac{x}{y}$ が $\sqrt{D}$ の大変よい近似であることを意味している。実際、定理9（207ページ）より、もしこんな x と y があるならば、$\dfrac{x}{y}$ は $\sqrt{D}$ との差が $\dfrac{1}{2y^2}$ 以下なので、$\sqrt{D}$ の連分数による近似分数として必ずあらわれることがわかる。つまり、ペル方程式 $x^2=Dy^2+1$ の自然数解は、全て $\sqrt{D}$ の連分数近似 $\dfrac{x}{y}$ として見つけることができるのである。

例えば $D=2$ として、$x^2-2y^2=1$ を満たす自然数 x と y を、$\sqrt{2}$ の連分数を使って探してみよう。

$$\sqrt{2} = 1 + \cfrac{1}{2 + \cfrac{1}{2 + \cfrac{1}{2 + \ddots}}}$$

なので、その近似分数は、$1 = \dfrac{1}{1}$ から始まって

$$1 + \frac{1}{2} = \frac{3}{2}$$

$$1 + \cfrac{1}{2 + \frac{1}{2}} = \frac{7}{5}$$

$$1 + \cfrac{1}{2 + \cfrac{1}{2 + \frac{1}{2}}} = \frac{17}{12}$$

以下 $\dfrac{41}{29}$、$\dfrac{99}{70}$、$\dfrac{239}{169}$、… と続くが、これらを $\dfrac{x}{y}$ として $x^2 - 2y^2$ を順に計算してみると次のようになる。

$$1^2 - 2 \cdot 1^2 = 1 - 2 = -1$$
$$3^2 - 2 \cdot 2^2 = 9 - 8 = 1$$
$$7^2 - 2 \cdot 5^2 = 49 - 50 = -1$$
$$17^2 - 2 \cdot 12^2 = 289 - 288 = 1$$

以下 $41^2 - 2 \cdot 29^2 = -1$、$99^2 - 2 \cdot 70^2 = 1$、$239^2 - 2 \cdot 169^2 = -1$ と、ひとつおきに $x^2 - 2y^2 = 1$ の解があらわれる、という現象が観察できる。定理9より、$x^2 - 2y^2 = 1$ の解はこれが全てなので、小さい方から順に $(x, y) = (3, 2)$、$(17, 12)$、$(99, 70)$、… と確かに無限個の解が見つかりそうだ。

実は x も y も自然数となる解が1つ見つかれば、「解が無限個見つかる」ということは簡単に証明することができる。$D = 2$ の場合に、まず $1 = 3^2 - 2 \cdot 2^2$ という解が見つかったが、

CHAPTER 8 フェルマーとラマヌジャンの挑戦状

この右辺を「因数分解」して

$$1 = (3+2\sqrt{2})(3-2\sqrt{2})$$

という式が得られる。ではこの式を 2 乗してみよう。

$$\begin{aligned}
1^2 = 1 &= (3+2\sqrt{2})^2(3-2\sqrt{2})^2 \\
&= (17+12\sqrt{2})(17-12\sqrt{2}) \\
&= 17^2 - 2 \cdot 12^2
\end{aligned}$$

と、次の解が自動的に求まる。

同様に $1 = (3+2\sqrt{2})(3-2\sqrt{2})$ を 3 乗すると

$$1 = (3+2\sqrt{2})^3(3-2\sqrt{2})^3 = (99+70\sqrt{2})(99-70\sqrt{2})$$

というように、その次の解が求まる。

以下、$1 = (3+2\sqrt{2})(3-2\sqrt{2})$ を次々とベキ乗していくたびに、新しい解が求まっていく。

さて、もともとのフェルマーの問題、$D=61$ の場合はどうなるか調べてみよう。$\sqrt{61}$ の連分数展開は次のようになる。

$$\sqrt{61} = 7 + \cfrac{1}{1 + \cfrac{1}{4 + \cfrac{1}{3 + \cfrac{1}{1 + \cfrac{1}{2 + \cfrac{1}{2 + \cfrac{1}{1 + \cfrac{1}{3 + \cfrac{1}{4 + \cfrac{1}{1 + \cfrac{1}{14 + \cdots}}}}}}}}}}}$$

連分数はここで 1 回目の周期を終え、14 のあと、1、4、3、1、2、2、1、3、4、1、14 という分母の並びを繰り返す。この近似分数を順に求め、その分母を y、分子を x として $x^2 - 61y^2$ を計算していくと、

0 次近似分数は $\frac{7}{1}$ となり

$$7^2 - 61 \times 1^2 = 49 - 61 \times 1 = 49 - 61 = -12$$

1 次近似分数は $\frac{8}{1}$ となり

$$8^2 - 61 \times 1^2 = 64 - 61 \times 1 = 64 - 61 = 3$$

2 次近似分数は $\frac{39}{5}$ となり

$$39^2 - 61 \times 5^2 = 1521 - 61 \times 25 = 1521 - 1525 = -4$$

3 次近似分数は $\frac{125}{16}$ となり

$$125^2 - 61 \times 16^2 = 15625 - 61 \times 256 = 15625 - 15616 = 9$$

4 次近似分数は $\frac{164}{21}$ となり

$$164^2 - 61 \times 21^2 = 26896 - 61 \times 441 = -5$$

5 次近似分数は $\frac{453}{58}$ となり

$$453^2 - 61 \times 58^2 = 205209 - 61 \times 3364 = 5$$

6 次近似分数は $\frac{1070}{137}$ となり

$$1070^2 - 61 \times 137^2 = 1144900 - 61 \times 18769 = -9$$

7 次近似分数は $\frac{1523}{195}$ となり

$$1523^2 - 61 \times 195^2 = 2319529 - 61 \times 38025 = 4$$

CHAPTER 8　フェルマーとラマヌジャンの挑戦状

8 次近似分数は $\dfrac{5639}{722}$ となり

$$5639^2 - 61 \times 722^2 = 31798321 - 61 \times 521284 = -3$$

9 次近似分数は $\dfrac{24079}{3083}$ となり

$$24079^2 - 61 \times 3083^2 = 579798241 - 61 \times 9504889 = 12$$

10 次近似分数は $\dfrac{29718}{3805}$ となり

$$29718^2 - 61 \times 3805^2 = 883159524 - 61 \times 14478025 = -1$$

最後の $x = 29718$、$y = 3805$ が惜しい。$x^2 - 61y^2$ は 1 でなく、-1 になった。残念ながらプラスマイナスの符号の違いで解になっていない。この 10 次近似がよい近似になりそうだ、ということは上のように順次計算しなくても、実はあらかじめ予想できる。次の連分数表示の分母が 14 という大きい数になるので、定理 6（190 ページ）により、その手前で打ち切った 10 次近似は精度が高い近似になるはずだからだ。

さて、惜しくも解にならなかったが、これ以上連分数の近似計算を続ける必要はない。もう答えは目の前なのだ。

$$(-1) = (29718 + 3805\sqrt{61})(29718 - 3805\sqrt{61})$$

の両辺を 2 乗して

$$\begin{aligned}
(-1)^2 = 1 &= (29718 + 3805\sqrt{61})^2 (29718 - 3805\sqrt{61})^2 \\
&= (1766319049 + 226153980\sqrt{61}) \\
&\quad \times (1766319049 - 226153980\sqrt{61}) \\
&= 1766319049^2 - 61 \cdot 226153980^2
\end{aligned}$$

として $x = 1766319049$、$y = 226153980$ という解が求まる。

最後は連分数を使わずに近道を行ったが、連分数を使ってまじめに計算を続けた場合は $\sqrt{61}$ の 21 次近似が $\dfrac{1766319049}{226153980}$ となっている。この x と y が、$D=61$ の場合の最小の自然数解である。

同様に $D=109$ の場合は

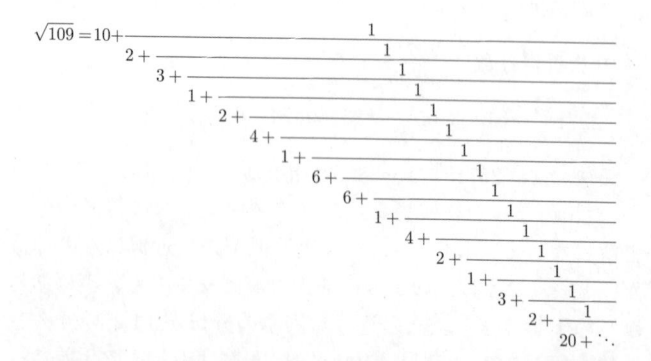

$$\sqrt{109}=10+\cfrac{1}{2+\cfrac{1}{3+\cfrac{1}{1+\cfrac{1}{2+\cfrac{1}{4+\cfrac{1}{1+\cfrac{1}{6+\cfrac{1}{6+\cfrac{1}{1+\cfrac{1}{4+\cfrac{1}{2+\cfrac{1}{1+\cfrac{1}{3+\cfrac{1}{2+\cfrac{1}{20+\cdots}}}}}}}}}}}}}}}$$

連分数はここで 1 回目の周期を終え、20 のあと、2、3、1、2、4、1、6、6、1、4、2、1、3、2、20 という分母の並びを無限に繰り返す。今度は途中の連分数近似を省略して、最後の 20 の手前で連分数を打ち切った 14 次近似分数を計算すると

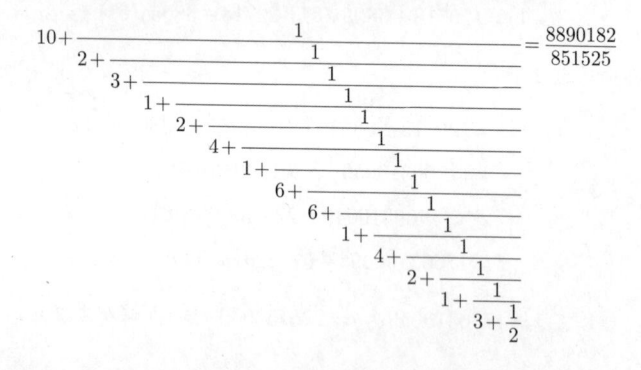

$$10+\cfrac{1}{2+\cfrac{1}{3+\cfrac{1}{1+\cfrac{1}{2+\cfrac{1}{4+\cfrac{1}{1+\cfrac{1}{6+\cfrac{1}{6+\cfrac{1}{1+\cfrac{1}{4+\cfrac{1}{2+\cfrac{1}{1+\cfrac{1}{3+\cfrac{1}{2}}}}}}}}}}}}}}=\dfrac{8890182}{851525}$$

CHAPTER 8　フェルマーとラマヌジャンの挑戦状

となり、計算してみると $8890182^2 - 109 \times 851525^2 = -1$ となる。そこでさっきと同様に、この式の左辺を因数分解してから両辺を2乗して左右を入れかえると

$$\begin{aligned}1 &= (8890182 + 851525\sqrt{109})^2 (8890182 - 851525\sqrt{109})^2 \\ &= (158070671986249 + 15140424455100\sqrt{109}) \\ &\quad \times (158070671986249 - 15140424455100\sqrt{109}) \\ &= 158070671986249^2 - 109 \times 15140424455100^2\end{aligned}$$

となり、こちらの解も求まった。これも最小の自然数解だ。

この章の初めの手紙でフェルマーが嘆いていた通り、ヨーロッパでは何百年も整数論を研究する数学者があらわれなかった。フェルマーが様々な面白い問題を思いついて、他の数学者に挑戦状として送りつけたことで、その後の整数論の爆発的な発展の下地が整えられたのである。フェルマー対ウォリス、ブラウンカーの、ペル方程式と連分数をめぐる数学勝負はその中の名場面のひとつである。

練習問題16

(1) $x^2 - 10y^2 = 1$ となる正整数 x、y の組を一組求めよ。
(2) $x^2 - 11y^2 = 1$ となる正整数 x、y の組を一組求めよ。
(3) $x^2 - 7y^2 = 1$ となる正整数 x、y の組を一組求めよ。
(4) $x^2 - 13y^2 = -1$ となる正整数 x、y の組を一組求めよ。
(5) $x^2 - 13y^2 = 1$ となる正整数 x、y の組を一組求めよ。

(解答は316ページ)

結論

ペル方程式 $x^2 - Dy^2 = 1$ の自然数解は、$\sqrt{D}$ の連分数による近似分数の分母を y、分子を x とおくことで求め

> られる。D の値によっては、解はものすごく大きくなる。

2．マハーラノービスの問題

次のようなラマヌジャンの逸話が残されている。

　ラマヌジャンがイギリスのケンブリッジにいた頃、友人のインド人数学者**マハーラノービス**が雑誌の難問コーナーからこんな問題を見つけてきた。「通りに家がずらっと並んでいて、端から順番に1番、2番、…と番地番号がつけられている。さて、ある家の左側に並んでいる番地番号を全て足した数と右側に並んでいる番地番号を全て足した数がちょうど同じになるという。この家の番地番号は何番で、通りには家が何軒あるか？　ただし通りの家の数は50軒以上、1500軒以下とする」。ところがラマヌジャンはすぐに答えを口述し始めた。それは通りに並ぶ家の軒数の条件をはずした一般解を全て連分数によってあらわすものだった。マハーラノービスが驚いて「一体どうやって見つけたんだい？」と尋ねると、「いや、問題を聞いた途端に連分数しかないと閃いたんだ。それでどうつながるのかなと考えているうちに答えが自然に浮かんだのさ」。

　通りの家の数が50軒未満の場合をまず考えてみることにすると、通りの家の数が8軒で、家の番地番号が6番の場合

$$1+2+3+4+5=15=7+8$$

で、解になる。あるいは通りの家が49軒で、家の番地番号が35番だと、コラム13の公式を使って

CHAPTER 8　フェルマーとラマヌジャンの挑戦状

$$1+2+\cdots+34 = \frac{34 \times 35}{2} = 595 = \frac{85 \times 14}{2} = 36+37+\cdots+49$$

となる。この2つのみが解だ。あとはあえていえば、通りの家の軒数が1軒で、家の番地番号が1。右にも左にも家はないので、0＝0で条件を満たしているといえなくもない。さて、49軒の家が通りに並んでいる状況を絵に描いてみると

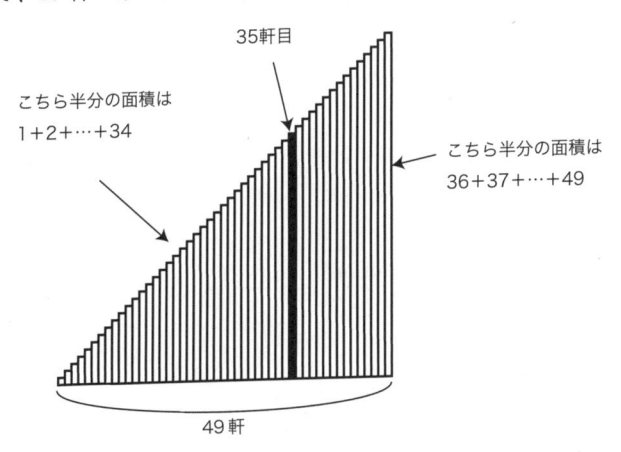

こちら半分の面積は
1+2+…+34

35軒目

こちら半分の面積は
36+37+…+49

49軒

番地番号の和は、ほぼ直角二等辺三角形の面積に等しい。左半分の面積と右半分の面積が等しい、ということは、左半分の直角二等辺三角形の面積が、全体の直角二等辺三角形の面積の半分になっている、ということである。ふたつの直角二等辺三角形は相似なので、面積は一辺の長さの2乗に比例する。つまり通りの軒数を n 軒、家の番地番号を m とすると、$\frac{n}{m} \fallingdotseq \sqrt{2}$ となるはずで、$\frac{n}{m}$ が $\sqrt{2}$ の近似分数として求まりそうだ、と見当がつく。

コラム13　等差数列の和の公式

5、6、7、8、… とか、17、15、13、11、… のように、隣どうしの値の差が一定となるような数列を**等差数列**とよび、その一定の隣どうしの差を**公差**とよぶ。5、6、7、8、… だと公差は1で、17、15、13、11、… だと公差は−2だ。等差数列の和は、簡単に計算できる。

例えば1+2+…+40を計算してみる。等差数列の最初の項を**初項**、最後の項を**終項**、項の数を**項数**とよぶ。1+2+…+40だと、初項が1、終項は40、そして項数も40となる。1+2+…+40を計算したいわけだが、同じ数列を逆順に並べたものを下に揃えて書いてみる。

$$
\begin{array}{r}
1 + 2 + \cdots + 40 \\
+)\ 40 + 39 + \cdots + 1 \\
\hline
41 + 41 + \cdots + 41
\end{array}
$$

40個

41を40個足し合わせたもの、つまり $41 \times 40 = 1640$ になる。求める和はその半分なので、820だ。一般の等差数列で同じことをやると、[初項 + 終項] が [項数] だけ出てくるので

$$\text{等差数列の和} = \frac{[初項 + 終項] \times [項数]}{2}$$

という公式が得られた。

ガウスという数学者の少年時代のこと、学校の先生がクラス全体に「1から40まで足し算してごらんなさい」と命じるや否や、「できました！」と手をあげた、という。驚いた先生がガウス少年のノートを見ると、上のような計算式と正解820が書かれていたという。

CHAPTER 8　フェルマーとラマヌジャンの挑戦状

ではマハーラノービスの問題をまじめに解いてみよう。通りの家の軒数が n 軒、家の番地番号が m 番だとすると、$1+2+\cdots+(m-1)=(m+1)+(m+2)+\cdots+n$ を満たすような自然数の組 n と m を見つけよ、という問題である。

$$1+2+\cdots+n$$
$$=\bigl(1+2+\cdots+(m-1)\bigr)+m+\bigl((m+1)+(m+2)+\cdots+n\bigr)$$

なので、コラム 13 の等差数列の和の公式と、条件 $\bigl((m+1)+(m+2)+\cdots+n\bigr)=\bigl(1+2+\cdots+(m-1)\bigr)$ とを使って

$$\frac{n(n+1)}{2}=m+2\frac{(m-1)m}{2}=m+(m^2-m)=m^2$$

という式が得られる。つまり、$\frac{n(n+1)}{2}$ が平方数となるような n を探せばよい。

n と $n+1$ は隣どうしの数なので、一方が奇数であり、もう一方は偶数だ。そして、その偶数の方を 2 で割った数と、奇数とを掛けた数が平方数になる、という条件である。偶数になる方の半分を k と書くと、奇数になる方は $2k+1$ か、あるいは $2k-1$ だ。

ここで、k と、$2k\pm1$ との最大公約数は 1 (つまり互いに素) になることに注意しよう。なぜなら、両方の共通の約数 $d>1$ があったとすれば、$2k$ と $2k\pm1$、すなわち n と $n+1$ はともに d の倍数になるはずだが、差が 1 となる数が両方同時に 1 より大きい自然数 d の倍数にはなりえないからだ。

次に、最大公約数が 1 となるような 2 つの自然数を掛けて平方数になるならば、それぞれの自然数が元々平方数になることに注意しよう。なぜなら、平方数になるとは、素因数分解したときに全ての素因子のベキが偶数になる、ということ

だが、どの素因子も2つの自然数のどちらか一方をしか割れない。ということは、元々の2つの自然数の素因数分解も、全ての素因子のベキが偶数になり、よって平方数にならざるを得ないのである。

よって、k も $2k\pm1$ もともに平方数になることがわかった。$k=x^2$、$2k\pm1=y^2$ とおくと、$2x^2-y^2=\pm1$ という式が得られた。これはフェルマーの挑戦状の話で登場したペル方程式だ！ 正確には $2x^2-y^2=-1$ の方がペル方程式で、$2x^2-y^2=1$ の方は違うが、いずれにせよこの x と y は $\dfrac{y}{x}$ が $\sqrt{2}$ のよい近似となっているので、定理9により $\dfrac{y}{x}$ は $\sqrt{2}$ の連分数展開の近似分数としてあらわれることがわかる。

n が偶数なら

$$\begin{cases} x^2=k=\dfrac{n}{2} \\ y^2=2k+1=n+1 \end{cases}$$

なので、このとき

$$\begin{cases} 2x^2=n \\ y^2=n+1 \\ m^2=\dfrac{n}{2}(n+1)=x^2y^2 \end{cases}$$

となる。また
n が奇数なら

$$\begin{cases} x^2=k=\dfrac{n+1}{2} \\ y^2=2k-1=n \end{cases}$$

なので、このとき

CHAPTER 8　フェルマーとラマヌジャンの挑戦状

$$\begin{cases} 2x^2 = n+1 \\ y^2 = n \\ m^2 = \dfrac{n+1}{2}n = x^2 y^2 \end{cases}$$

となる。よって $2x^2 - y^2 = \pm 1$ の解 x, y が求まれば、n は y^2 と $2x^2$ のうち小さい方、$m = xy$ として、通りの家の軒数 n と家の番地番号 m が求まる。

$\sqrt{2}$ の連分数展開は

$$\sqrt{2} = 1 + \cfrac{1}{2 + \cfrac{1}{2 + \cfrac{1}{2 + \ddots}}}$$

となるので、0 次近似分数 $\dfrac{1}{1}$ が $x = y = 1$、よって $2x^2 - y^2 = 1$ は早速解になる。このとき $n = 1$、$m = 1$。これは通りの軒数も家の番地番号も 1、という解（！）に対応している。

次に 1 次近似分数は $1 + \dfrac{1}{2} = \dfrac{3}{2}$ より $x = 2$、$y = 3$。このとき $2x^2 - y^2 = 8 - 9 = -1$ で、これも解になる。このとき $k = 4$、$n = 2k = 8$、$m = \sqrt{8 \times 9 \div 2} = 6$ で軒数は 8 軒、家の番地番号は 6 番、という解だ。

2 次近似分数は $1 + \dfrac{1}{2 + 1/2} = \dfrac{7}{5}$ より $x = 5$、$y = 7$。すると $2x^2 - y^2 = 50 - 49 = 1$ で、これも解になる。このとき $k = x^2 = 25$、$n = 2k - 1 = 49$、$m = \sqrt{49 \times 50 \div 2} = 35$、これも既に見た解だ。

3 次近似分数は $\dfrac{17}{12}$ なので $x = 12, y = 17$。すると $2x^2 - y^2 = 288 - 289 = -1$ で、これまた解になる。このとき $k = x^2 = 144$ で、$n = 2k = 288$、この中で $m = \sqrt{288 \times 289 \div 2} = 204$。よって通りの軒数 288 軒、家の番地番号は 204 番、たしかに

$$1+2+\cdots+203=\frac{203\times 204}{2}=20706$$
$$=\frac{493\times 84}{2}=205+206+\cdots+288$$

となる。これが雑誌の問題の解だ。

4次近似分数を調べると $\frac{41}{29}$ なので、$x=29$、$y=41$。これまた解であり、$k=841$、よって $n=2k-1=1681$、$m=\sqrt{1681\times 1682\div 2}=1189$、軒数が1681軒で、家の番地番号が1189番。通りにはたかだか1500軒、という条件だったので、これは条件より家の数が多すぎる。

以上から推測がつくように、$\sqrt{2}$ の連分数による近似分数が、マハーラノービスの問題の解答を小さい方から順に片っ端から与えることになる。

結論

マハーラノービスの問題に対する答えも、$\sqrt{2}$ の連分数による近似分数によって全て求まる。

CHAPTER 9

数当て再考

2006年の夏、フランス、パリ近郊のIHES数学研究所で開かれた研究集会。「周期とモチビックガロア群」というタイトルで**コンツェビッチ教授**が講演を始めた。「小数点以下100桁とか1000桁とかの精度で、数が与えられたとしよう。その数の正体をどうやって見破ればよいだろうか？」ん？　数の正体を見破る？　本書の最初に掲げた問題だ。実はこの問題は現代数学の最先端の課題でもあるのだ。

コンツェビッチ教授のこの問題提起は、ザギエ教授との共著『数学の最先端――21世紀への挑戦』の第1巻の中で日本語にも訳されている。この章では、コンツェビッチ教授の講演のイントロ部分をできるだけ嚙み砕いて紹介することにしよう。

1. 数の正体とは何か？　数の身分証明書作り

第2章で、黄金比の数値 $1.6180339887\cdots$ から、その正体が $\frac{1+\sqrt{5}}{2}$ である、と見破る方法を紹介した。この数は、$x^2-x-1=0$ の正の解であり、1を足してルートを取っても値が変わらない数であり、さらに逆数を取って1を足しても値が変わらない正の数でもある。よく考えてみると、そのどれもが黄金比の説明であり、どれを「黄金比の正体」として採用

するかは考え方によりそうだ。

例えば「$\frac{1+\sqrt{5}}{2}$ の正体は何か？　それは、2乗するとちょうど1だけ値が増える正の数のことである」なんて問答があってもおかしくはない。「$\frac{1+\sqrt{5}}{2}$」「$x^2-x-1=0$ の正の解」「1を足してルートを取ると元に戻る数」など、それぞれが黄金比の名札として通用する説明であり、その中で「$\frac{1+\sqrt{5}}{2}$」というのが我々にとって一番「わかった」という気がする表現なので「黄金比の正体」として採用しているだけなのだ。黄金比のように、名札が何枚もあるような数なら、その時その時に応じて一番使いやすい名札を身分証明書として使うことができる。

だが、名札が身分証明書として使いものになるためには、いくつかの条件を満たしてくれないと困る。人間の場合にどのような問題が起こりうるか、考えてみよう。まず、一人の人間がいくつかの名札というか、名刺というか、何通りかの立場を持つことがありうる。会社ではバリバリの女社長が家に帰ると地域の自治会の会長だったり、恋愛ポエム雑誌の常連が実は謹厳な大学教授のペンネームだったり、ワシントンに潜入した日本の秘密機関のスパイが、実はアメリカ側のスパイもつとめる二重スパイだったり。いくつかの名刺、いくつかの立場を持っていても、別の名刺が実は同一人物を指していることがわからないと、身分証明書としての役割を果たさない。パスポートや運転免許証など、何枚も身分証明書があっても構わないけれども、それが同じ人物を指すのかどうかを判定する方法がある、ということが、身分証明書が満たすべき条件である。

身分証明書が満たすべき条件がもうひとつある。再び人間

を例に考えることにしよう。日本の公式書類では姓名と住所で個人を特定することが多いが、これだと同姓同名の人物が同じ住所に住んでいると面倒なことになる。東京の大学に合格したのでお兄さんのマンションに間借りさせてもらうことにしたら、兄嫁と同じ名前だったとか。

一枚の身分証明書は一人の人だけを特定できなくてはならないのである。生年月日まで使えばより安全にはなるが、たまたま兄嫁と同じ日に生まれていたら、それでもまだ区別がつかなくて、困ってしまう。人間をただ一人に特定できる、ということが、身分証明書が満たすべきもうひとつの大事な条件だ。

数の話に戻ろう。数の名札として、ひとつ考えられるのは小数表示だ。「黄金比だなんてよばずに、1.618… とよべば問題がないじゃないか」。それぞれの小数表示はただひとつの数を特定するし、ふたつの相異なる数の小数表示は、小数点以下十分たくさん桁を調べればどこかで数字が違ってくるので、それで「相異なる」と判定できる。小数表示は、数の身分証明書の条件を満たしそうだ。

だがひとつ問題がある。1.618… といわれただけでは、$\frac{89}{55}$ かもしれないし、$\frac{233}{144}$ かもしれない。もっと桁数を増やせばいいのでは？　いや、いくら増やしても、連分数近似を使えば、その桁数までぴったり合うような分数を作ることができる。黄金比を本当に特定するためには、無限桁の小数表示が必要なのだ。

だが、循環小数やチャンパーノウン数など数少ないケースを除いて、小数の数字の並びの規則はわからないことがほとんどだ。規則がわからなければ、寿命が有限の人間には無限

CHAPTER 9 数当て再考

桁の数字を全て羅列することは不可能である。

それに、「黄金比の正体は、1.6180339887… である」といわれたら、違和感を感じる。「正体」という以上、そこで問題になるのはその数の「意味」であって、値そのもの、数字の並びそのものではない。コンツェビッチ教授は、「例えば小数点以下 1000 桁まで与えられたとして、1000 桁の数を並べるよりも短い説明を与えることができるか？」というような問いかけをしている。

コラム14　0.999…＝1

分数だと、$\frac{1}{2} = \frac{2}{4}$ のように同じ数が何通りもの表示を持つことがある。小数表示でも厳密に見ると、ひとつの数が 2 通りの小数表示を持つ、というケースがある。

例えば $a = 0.999\cdots$ というように 9 が無限に並ぶ小数としてあらわされる数 a と、$b = 1.00000\cdots$ というように、0 が無限に並ぶ小数としてあらわされる数 b とがあると、a と b のどちらが大きいかわかるだろうか？　「b の方が $0.\overbrace{00\cdots00}^{\text{無限個}}1$ だけ大きい」といいたくなるが、それは誤り。$a = 0.999\cdots$ だから $10a = 9.999\cdots$、よって $(10a - a) = 9.000\cdots$ となり、$9a = 9$ だから $a = 1 = b$ となる。

あるいは $b = 1.000\cdots$ を 3 で割ると $0.333\cdots$、これを 3 倍して $0.999\cdots$。$b = 1 \div 3 \times 3 = 1 = a$ と考えてもよい。だまされたように感じる読者は、是非拙著『無限のスーパーレッスン』をご覧いただきたい。

261

黄金比の正体をどうやって見破ったか、覚えているだろうか？　何通りかの方法でこの数の正体を見破ったが、そのいずれも「黄金比を x とおくと、$x^2-x-1=0$ を満たすことがわかった。2次方程式の解の公式と、$x>0$ という条件から、$x=\dfrac{1+\sqrt{5}}{2}$ と求まる」という議論に帰着させている。

　この方程式「$x^2-x-1=0$」に注目してみよう。そもそも方程式とは何だろう？　「2乗すると1だけ増える数、なーんだ？」。このなぞなぞが、$x^2=x+1$ という方程式と同値だ。つまり数が持つ性質を述べて、その性質を持つ数を見つけよ、と問う問題が方程式なのである。方程式は、まさにその数が持つ性質を記述したものなのだ。

　そこで提案だが、方程式そのものを、数の正体、数の身分証明書として扱ったらどうだろう？　「方程式」の役割が、これまで学校で勉強してきたものと逆転していることに注目していただきたい。方程式といえば、普通、解いて答えを出すものだったが、ここでは逆に、答えとなるべき数を見て、それを解として持つような方程式を作ろう、そしてその方程式を数の身分証明書として使おう、と目論んでいるのだ。「この数を答えに持つなぞなぞ、なーんだ？」というなぞなぞを考えるのだ。試しにやってみると

$$黄金比 \to x^2-x-1=0$$
$$\sqrt{2} \to x^2-2=0$$
$$\sqrt[3]{2} \to x^3-2=0$$

　ここで小さな問題が発生する。$x^2-x-1=0$ の解は $\dfrac{1\pm\sqrt{5}}{2}$ なので黄金比だけでなく $\dfrac{1-\sqrt{5}}{2}$ も解になるし、$x^2-2=0$ の解も $\pm\sqrt{2}$ なので $\sqrt{2}$ だけでなく、$-\sqrt{2}$ も解になってしま

う。だがこれは、次のように解決できる。

2次方程式の解の個数はたかだか2個だし、3次方程式ならたかだか3個。一般にd次方程式の解の個数はたかだかd個しかないのだ。だったら、その解の中で、小さい方から何番目であるかを指定すれば、どの解を指しているかが確定する（ここでは「数」と言えば実数だけしか考えないことにする）。よって、次のような完成版の身分証明書が出来上がる。

$$黄金比 \to x^2-x-1=0 \text{ の小さい方から2番目の解}$$
$$\sqrt{2} \to x^2-2=0 \text{ の小さい方から2番目の解}$$
$$\sqrt[3]{2} \to x^3-2=0 \text{ の小さい方から1番目の解}$$

もっと複雑な数でも、この方法であらわすことができる。試しに$x=\sqrt{2}+\sqrt{3}$をこの方法であらわしてみよう。両辺を2乗して

$$x^2=(\sqrt{2}+\sqrt{3})^2=(\sqrt{2})^2+2\sqrt{2}\sqrt{3}+(\sqrt{3})^2$$
$$=2+2\sqrt{6}+3=5+2\sqrt{6}$$

ここで5を移項して再び両辺を2乗すると

$$(x^2-5)^2=(2\sqrt{6})^2=4\times 6=24$$

両辺から24を引いて

$$(x^2-5)^2-24=x^4-10x^2+25-24=x^4-10x^2+1=0$$

となる。$y=x^4-10x^2+1$のグラフは次のようになるので

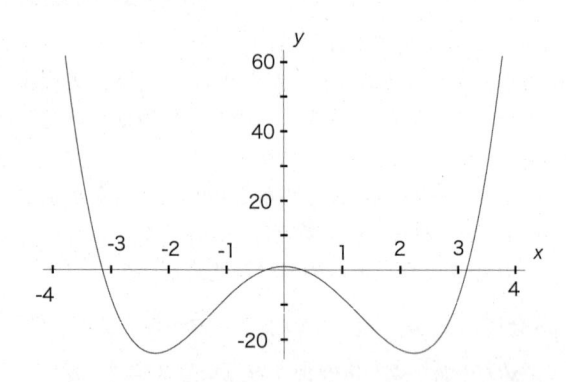

$\sqrt{2}+\sqrt{3}=3.1462643699\cdots$ は小さい方から 4 番目の解であり

$\sqrt{2}+\sqrt{3} \to x^4-10x^2+1=0$ の小さい方から 4 番目の解

とあらわされるわけである。ちなみに、この方程式の他の 3 つの解は $-\sqrt{2}-\sqrt{3}$、$\sqrt{2}-\sqrt{3}$、$\sqrt{3}-\sqrt{2}$ である。

このような方法で名札をつけるメリットは、次の 2 つがある。

(1) 全ての数が、「方程式と、その解のうちで小さい方から数えた順番」という同じフォーマットで記述できる。
(2) 「方程式は有理数係数で、次数はできるだけ低く抑える。最高次の係数は 1 に固定する」と制約を付けておくと、それぞれの数がただ一通りにあらわされることがわかる(コラム 15 参照)。

よって、2 つの数が同じかどうかを調べたければ、この方程式で表示してしまって、同じ方程式の同じ順番の解になっているかどうかさえ調べればよいわけだ。「でも $\sqrt{2}+\sqrt{3}$ という書き方の方が、$x^4-10x^2+1=0$ の 4 番目の解、という書

き方より便利な気がする」という読者のために、シャンクスが発見した例を紹介しよう。

$$a = \sqrt{5} + \sqrt{22 + 2\sqrt{5}}$$
$$b = \sqrt{11 + 2\sqrt{29}} + \sqrt{16 - 2\sqrt{29} + 2\sqrt{55 - 10\sqrt{29}}}$$

とおく。小数点以下 30 桁まで計算してみると、どちらの数も

7.381175940895657970987266875465···

となる。さあ、この 2 つの数は等しいか、それとももっと先の桁まで計算していくとどこかで違う数字が出てくるだろうか？

実はどちらの数も、方程式 $x^4 - 54x^2 - 40x + 269 = 0$ の解になっているのである。多少計算は大変だが、代入して全部展開してみれば確かめられる。そして $y = x^4 - 54x^2 - 40x + 269$ のグラフは次のようになっている。

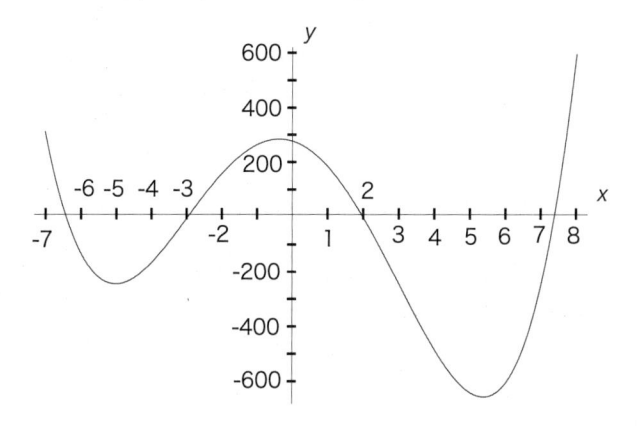

コラム15　次数と方程式

　β が実数であるとして、β を解として持つ、最高次の係数が1で次数がもっとも低い有理数係数の方程式が、ただひとつしかないことを示そう。

　まず、有理数 a_0 によって $\beta = a_0 \times 1$ とあらわされるかどうか調べる（どうやって調べるのか、気にしなくてよい。神様が一生懸命調べて下さっているのだ）。もしそのようにあらわされれば、β は $x - a_0 = 0$ という方程式の解だ。$\beta = a_0$ を解に持つ、最高次係数が1となるような1次式は、これしかない（この場合、β は有理数である）。

　一方、$\beta = a_0 \times 1$ となるような a_0 がなかったとしたら、今度は β^2 が、有理数 a_0 と a_1 を使って $\beta^2 = a_1 \times \beta + a_0 \times 1$ とあらわされるかどうかを調べる。もしそのようにあらわされれば、β は $x^2 - a_1 x - a_0 = 0$ という有理数係数の方程式の解だ（他に方程式があるかどうかは後で調べる）。もしそのようにあらわされなければ、次に β^3 が、有理数 a_0、a_1、a_2 を使って $\beta^3 = a_2 \times \beta^2 + a_1 \times \beta + a_0 \times 1$ とあらわされるかどうか調べる。もしあらわされれば、β は $x^3 - a_2 x^2 - a_1 x - a_0 = 0$ の解で、もしあらわされなければ次に β^4 が $a_3 \times \beta^3 + a_2 \times \beta^2 + a_1 \times \beta + a_0 \times 1$ とあらわされるかどうかを調べる。

　以下同様に次数の低い所から順に調べていき、β^n は

$$\beta^n = a_{n-1} \times \beta^{n-1} + \cdots + a_0 \times 1$$

とあらわされた最初の n であるとする。作り方から考えて、$x^n - a_{n-1} x^{n-1} - \cdots - a_0 = 0$ は、β を解として持つもっとも次数の低い方程式である。もし n 次方程式が

もうひとつあって、$x^n - b_{n-1}x^{n-1} - \cdots - b_0 = 0$ も β を解に持つとすれば

$$\beta^n = a_{n-1}\beta^{n-1} + \cdots + a_0 = b_{n-1}\beta^{n-1} + \cdots + b_0$$

となり、移項して

$$(a_{n-1} - b_{n-1})\beta^{n-1} + (a_{n-2} - b_{n-2})\beta^{n-2} + \cdots \\ + (a_0 - b_0) = 0 \cdots (*)$$

という式が得られる。β は $(n-1)$ 次以下の有理数係数の方程式の解にはならないはずなので、$(*)$ のような式が成り立つ唯一の可能性は、係数が全て 0、つまり $a_{n-1} = b_{n-1}$、$a_{n-2} = b_{n-2}$、$\cdots$、$a_1 = b_1$、$a_0 = b_0$ となるしかない。つまり β を解に持つような、次数最低かつ最高次係数が 1 となるような方程式はただひとつしかないことが証明された。（証明終わり）

よって a も b も $x^4 - 54x^2 - 40x + 269 = 0$ の小さい方から4番目の解であることがわかり、見かけは違っても同じ数だ、ということが確かめられた。方程式を、数の正体、すなわち「名札」として使った威力である。

$\sqrt{5} + \sqrt{22 + 2\sqrt{5}}$ のような表記でも名札は名札なので、計算するときには便利であるが、今のように数の「身分証明」が必要になったら、方程式を使う方法が便利なのである。この意味で、方程式を使ったこの名札は、「数の身分証明書」といってもよさそうだ。

結論

数を記述するための道具として、「その数を解に持つ有理数係数の方程式を使う」という方法は、身分証明書として機能するよい方法である。

2．代数的数と超越数

方程式を数の「身分証明書」として使う作戦は、他にもメリットがある。**ニュートン法**という計算手法（付録1参照）があって、必要なだけ何桁でも小数点以下の数字を求めることができるのである。逆に小数表示を見て、方程式を復元することができるか？　本書の第1章、第2章で紹介した通り、1次方程式の解（つまり有理数、$nx - m = 0$ の解は $\frac{m}{n}$ である）や2次方程式の解は連分数を使って、その方程式を見つけることができる。3次以上の方程式の解は、残念ながら連分数を使ってもパターンがよくわからず、正体を見破ることはできない。例えばコンピューターを使って $\sqrt[3]{2}$ の連分数展開を計算してみると、次のようになる。

CHAPTER 9 数当て再考

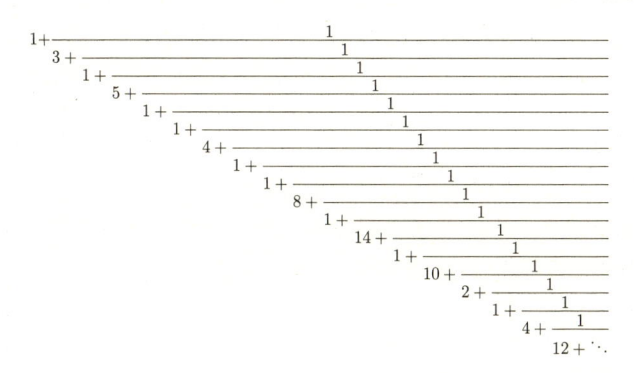

$$1+\cfrac{1}{3+\cfrac{1}{1+\cfrac{1}{5+\cfrac{1}{1+\cfrac{1}{1+\cfrac{1}{4+\cfrac{1}{1+\cfrac{1}{1+\cfrac{1}{8+\cfrac{1}{1+\cfrac{1}{14+\cfrac{1}{1+\cfrac{1}{10+\cfrac{1}{2+\cfrac{1}{1+\cfrac{1}{4+\cfrac{1}{12+\cdots}}}}}}}}}}}}}}}}}$$

ここまで並べてみても、規則性は見て取れない。本書では詳しくは紹介しないが、いわば連分数の高次元版とでもいうべき **LLL** という計算手法があって（LLL という名前は、この計算手法の開発者、Lenstra 兄弟と Lovász の頭文字を並べたもの）、3 次以上の方程式の解も、その数値から元の方程式を復元できる。

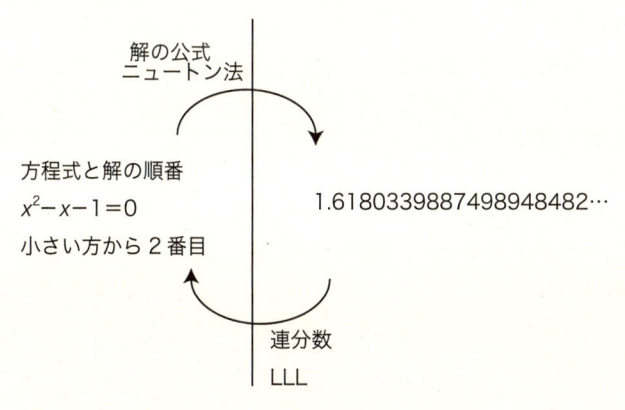

解の公式
ニュートン法

方程式と解の順番
$x^2-x-1=0$
小さい方から 2 番目

1.61803398874998948482…

連分数
LLL

つまりこの図の左側の「身分証明書」の世界と、右側の「小

数表示」の世界を自由に行ったり来たりできるのである。線の左側が、数の正体（数の意味）、線の右側が、数の実体（正確な値）となっていて、一方がわかればもう一方もわかるのである。

これで話が済めば、数学の完全勝利となるわけだが、そう簡単にはいかない。何が問題なのかというと、どんな有理数係数の方程式の解にもならないような数があるかもしれないのだ。

そんな数が、本当にあるのだろうか？　ここで必要な言葉を準備することにしよう。

有理数係数の方程式の解になるような数のことを**代数的数**、そして代数的数でないような実数を、**超越数**とよぶことにする。超越数なんて、本当に存在するのか？　コラム16にあるように、普通の方法でいろいろな数を作ってみても、たいていは代数的数の枠内におさまってしまう。もし超越数が作れるとしたら、何か枠をはみ出したような数の作り方を使うはずなのだ。

代数的でない数、つまり超越数の最初の発見には、思わぬテクニックが使われた。近似分数である。1844年、フランスの数学者**リウヴィユ**が、代数的数を分数で近似するときの精度のよさには限界があることを証明したのだ。

代数的数の近似分数の精度はそれほどよくはできない。逆にいうと、ものすごく精度のよい近似分数を持つ数は、代数的数ではない。そこでそのような、ものすごく精度のよい近似分数を持つような数を強引に作ってやれば、それが超越数になるのだ。

コラム16　代数的数を係数に持つ方程式の解

「超越数を見つけるなんて、簡単だ。方程式の係数を、有理数に限らず代数的数にしてしまえば、代数的でない数で解になるものが出てくるに違いない」と思う読者もいるかもしれないが、そうはならない。

例えば $x^2 - \sqrt{2}\,x + \sqrt{3} = 0$ という方程式の解を考えよう。この x が、次数は高くなるものの、整数係数の方程式の解にもなっていることを確かめる。

まず $x^2 - \sqrt{2}\,x$ を移項して、両辺を2乗する。

$$(\sqrt{3})^2 = 3 = (-x^2 + \sqrt{2}\,x)^2 = x^4 - 2\sqrt{2}\,x^3 + 2x^2$$

今度は3と $-2\sqrt{2}\,x^3$ を移項して、もう一度両辺を2乗してみる。

$$2^2 \times (\sqrt{2})^2 \times x^6 = (x^4 + 2x^2 - 3)^2$$
$$= x^8 + 4x^4 + 9 + 4x^6 - 6x^4 - 12x^2$$
$$x^8 - 4x^6 - 2x^4 - 12x^2 + 9 = 0$$

よって、$x^2 - \sqrt{2}\,x + \sqrt{3} = 0$ の解 x は、

$$x^8 - 4x^6 - 2x^4 - 12x^2 + 9 = 0$$

の解にもなっているのである。代数的数を係数にした方程式の解は、再び代数的数になり、超越数は出てこない。代数的数を材料にして、足したり引いたり掛けたり割ったり、何乗根かを取ったり、方程式を作って解を調べたりしてみても、出てくるのは代数的数に限られるのだ。

定理10　リウヴィユの定理

実数 α は n 次の代数的数、つまり有理数係数の n 次方程式の解としてあらわされる数であるとする。このとき、α の近似分数 $\frac{p}{q}$ で、誤差が $\frac{1}{q^{n+1}}$ 以下のものは有限個しかない。

リウヴィユの定理を用いて、超越数の例を作ってみよう。その道具に「階乗」を使うので、準備しておく。$1 \times 2 \times 3 \times \cdots \times k$ というように、1 から k までの数を全部掛けた数を、k の**階乗**とよび、$k!$ と書く。

$$1! = 1$$
$$2! = 1 \times 2 = 2$$
$$3! = 1 \times 2 \times 3 = 6$$
$$4! = 1 \times 2 \times 3 \times 4 = 24$$

といった具合だ。さて、小数点以下 1 桁目、2 桁目、6 桁目、24 桁目、……、つまり $n!$ 桁目には 1 を入れ、他は全て 0 とした小数を α とおく。

$$\alpha = 0.110001000000000000000001000\cdots$$

α の近似分数として 1 番目を $\frac{p_1}{q_1} = 0.1 = \frac{1}{10}$、2 番目を $\frac{p_2}{q_2} = 0.11 = \frac{11}{100}$、3 番目を $\frac{p_3}{q_3} = 0.110001 = \frac{110001}{1000000}$、(つまりこの小数の 1 が出るところまで、順に拾っていく) というように取っていくと、コラム 17 により、$n<k$ となる全ての $\frac{p_k}{q_k}$ に対して（よって無限個の分数 $\frac{p_k}{q_k}$ に対して）、$\frac{p_k}{q_k}$ と α との差

(本文 276 ページへ)

CHAPTER 9 数当て再考

コラム17 リウヴィユの超越数の近似分数の精度

q_k は 1 のあとに 0 が $k!$ 個並んだ数、つまり $q_k = 10^{k!}$ となる。そして $\frac{p_k}{q_k}$ と α とは小数点以下 $(k+1)!-1$ 桁目までは一致しているので

$$\alpha - \frac{p_k}{q_k} < \frac{1}{10^{(k+1)!-1}} = \frac{1}{1000\cdots00}$$

と誤差が上からおさえられる。右辺の分母の 0 の個数は $(k+1)!-1$ 個だ。一方 $(q_k)^{n+1}$ は

$$(q_k)^{n+1} = (10^{k!})^{n+1} = 10^{(n+1)(k!)} = 1\overbrace{000\cdots000}^{(n+1)(k!)\text{ 個}}$$

つまり 1 のあとに 0 が $(n+1)(k!)$ 個並んだ数になる。$n < k$ なら $n+1 \leqq k$ なので

$$\begin{aligned}
(k+1)!-1 &= 1 \times 2 \times \cdots \times k \times (k+1) - 1 \\
&= (1 \times 2 \times \cdots \times k) \times (k+1) - 1 \\
&= (k!) \times (k+1) - 1 \\
&= (k!) \times k + (k!-1) \\
&> (k!) \times (n+1)
\end{aligned}$$

となるので、誤差の分母の方が 0 の個数が多い。よって $k > n$ なら

$$\left|\alpha - \frac{p_k}{q_k}\right| < \frac{1}{(q_k)^{(n+1)}}$$

が成立する。

273

コラム18　リウヴィユの定理、ちょっと進んだ話題

リウヴィユの定理は、分数によってより高精度で近似できるような数ほど、より複雑な数、有理数からはより掛け離れた数になる、という定理だ。

例えば、$\alpha = \frac{n}{m}$ が有理数、つまり1次の代数的数ならば、近似分数 $\frac{p}{q}$ との差は、m, q ともに正として

$$\left|\frac{n}{m} - \frac{p}{q}\right| = \frac{|nq - mp|}{mq} \geq \frac{1}{mq}$$

となるので、近似分数 $\frac{p}{q}$ の分母の q が m より大きければ、この差は $\frac{1}{q^2}$ より大きい。分母 q が m 以下で $\frac{n}{m}$ との差が1以下の分数は有限個(それぞれの分母 q に対して $2q+1$ 個以下)しかないので、これで $n=1$ の場合は証明できたことになる。

$n=1$ に対しては、リウヴィユの定理の逆も成り立つ。無理数であれば、連分数近似 $\frac{p}{q}$ の誤差が $\frac{1}{q^2}$ 以下なので、精度のよい近似分数が無限個見つかった。

リウヴィユの定理だけを見ると、代数的数の次数が高くなればなるほど精度の高い有理数近似があるかのように見えるが、それはリウヴィユの証明方法に限界があった、というだけのことで、その後ロスの定理というものが証明され、代数的数はある意味で次数に関係なく精度の高い有理数近似ができないことが証明された。つまりどんな代数的数 α に対しても、$n>2$ であれば

$$\left|\alpha - \frac{p}{q}\right| < \frac{1}{q^n}$$

を満たすような分数 $\frac{p}{q}$ は有限個しかないのである。ここで n は 2 より大きい実数でありさえすればよいので、例えば $n = 2.000001$ でも有限個である。

定理 2 の系 (175 ページ) により、$n = 2$ ならどんな無理数 α に対しても $\left|\alpha - \frac{p}{q}\right| < \frac{1}{q^2}$ となる分数が無限個あることがわかっているので、ロスの定理は限界ぎりぎりの非常にシャープな定理であることがわかる。

一方で、コンピューターで、$\sqrt[3]{2}$ の連分数の分母に大きな数が出てくるかどうかを調べてみると、1990 番目の分母が 12737、484708 番目の分母が 4156269、そして例えば 9370520 番目の分母が 10253793 となり、どんどん大きい分母があらわれる。このことから（そしてこのことだけから）推測するに、3 次以上の代数的数の連分数近似にはいくらでも大きな分母が出てきそうだ。

2 次の無理数の連分数が循環連分数となり、よって分母が一定の数以上には大きくならないのと比べると、定理 6 と考えあわせて、「より高次の代数的数の方が、より高精度の有理数近似ができる」というようなことが、何らかの意味でいえるのかもしれない。

は $\frac{1}{(q_k)^{n-1}}$ 以下になることがわかる。リウヴィユの定理により、どんな有理数係数の n 次方程式を取ってきても、α はその解にはなりえず、よって α は超越数だ、ということになる。

第1節の結果により、代数的数には「方程式」という理想的な身分証明書を与えることができるが、そのような身分証明書を持てない「超越数」が他に存在することがわかったのである。

> **結論**
>
> 超越数がリウヴィユにより発見された。超越数とは、それを解とする有理数係数の方程式が存在しないような数であり、「方程式を身分証明書として使おう」という第1節のアイデアだと、このような数を取り扱うことができない。

3．周期

その後、円周率 $\pi = 3.1415926\cdots$ や、ネピアーの数 $e = 2.718281828459\cdots$ などが超越数であることがわかった。e が超越数であると示したのはエルミートで1873年、π の超越性はリンデマンで、1882年のことだ。円周率みたいな大事な数までが超越数なのだ。前の節では、「超越数を作るには、何か枠をはみ出したような数の作り方が必要だ」なんてことをいったが、何てことはない、円周率 $3.14\cdots$ だって超越数だったのである。

実は超越数となるような数を発見するのが難しいというよりは、超越数が実際に超越数であることを証明することが難しかったのだ。e や π が超越数になることの証明はハイテク

CHAPTER 9 数当て再考

を用いるので、本書では紹介できない。リウヴィユが強引に超越数を作ってみせた背景は、「πは超越数ではないか」という予想をリウヴィユが持っていて、それは難しくて証明できないので、とりあえず超越数があるんだ、というところまで示した、ということらしい。

さて、本章冒頭で触れたザギエとコンツェビッチの問題提起は、数の身分証明書作りを超越数にも拡張したい、ということだ。円周率なども含むような「性質のよい数」に対して通用するような「数の身分証明書」を作ろう、というのが最終目標である。「超越数かもしれないが、性質のよい数」の候補として二人が提案したのは周期と彼らがよぶ数だ。

定義6

整数係数の不等式で定義される図形の面積や体積としてあらわされる数どうしを加減乗除してあらわされる数を、**周期**とよぶ。

例えば円周率πは $x^2+y^2 \leqq 1$ という不等式であらわされる半径1の円の面積なので、周期だ。なぜ「周期」とよばれるのか？　ここで説明するのは難しいが、サイン sin やコサイン cos の周期が 2π であることに関係あるんだろうな、と思ってもらえれば、そう大きく外れてはいない。

ネピアーの数 e は、本書ではここで初登場だが、実は対数と深い関係がある。第4章で、2を底とした対数を紹介したが、実は $e=2.718281828\cdots$ を底として採用するほうが自然なのだ。どう自然なのかというと、次の図のような面積が、$\log_e T$ になる。

277

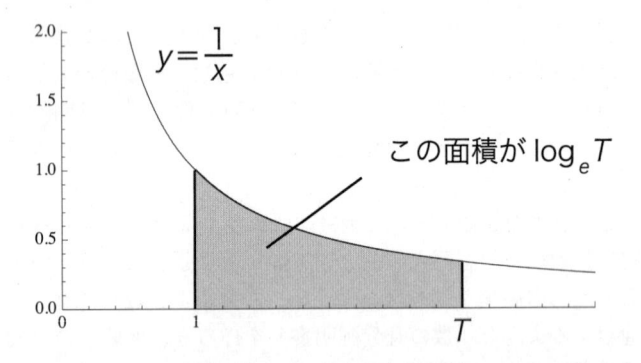

[グラフ: $y=\frac{1}{x}$、1からTまでの面積が $\log_e T$]

$e^1=e$ なので、$\log_e e=1$ となる。よって、e は次の図のように定義することができる（標準的な定義ではないが）。

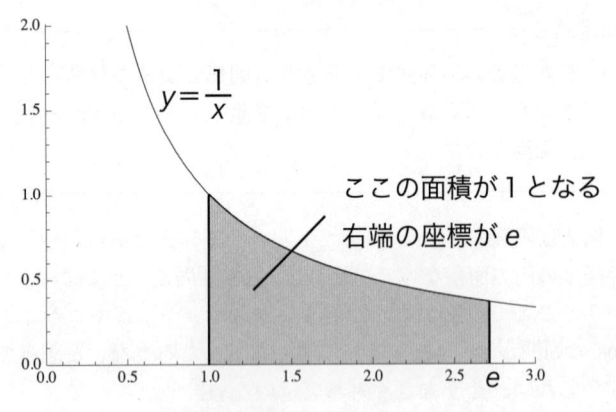

[グラフ: $y=\frac{1}{x}$、ここの面積が1となる、右端の座標が e]

このように、方程式の解としてはあらわされないような数も、面積や体積を使えば名札をつけることができるのである。ただし、e は「面積を使って」あらわされてはいるが、「面積として」あらわされているわけではないので、この図だけからはまだ周期になるかどうかははっきりしないことに注意しておこう。

CHAPTER 9　数当て再考

ザギエとコンツェビッチが提出した問題は、次の3問だ。

問1：周期となるような数が2つ与えられたときに、それらが等しいかどうかを判定する必勝法を見つけよ。
問2：周期が小数として十分たくさんの桁数であらわされたとき、その正体を見破れ。
問3：周期でない数を見つけよ。

問1は、まさに「周期」に対して身分証明書を作れ、といっているわけだ。同じ数でも、面積としてのあらわし方は何通りもある。例えば円周率は「半径1の円の面積」といってもよいし、「半径$\sqrt{2}$の半円の面積」といってもよい（半径$\sqrt{2}$の半円は、$x^2+y^2 \leq 2$、$y \geq 0$という2つの整数係数の不等式であらわされるので、これも周期の定義の許容範囲内だ）。もしかしたら、全然違うように見える図形の面積がちょうどπになることだってきっとあるに違いない。

そのような別々の面積を使って表示された周期が、同じ数をあらわしているのかどうかを判定できるならば、それは身分証明書作りに成功したといって差し支えない。パスポートとか運転免許証とかいくつも身分証明書を持っていても、それらをつきあわせて同一人物かどうかが判定できれば、身分証明書としての役割は果たせる、ということである。

問2は、周期としての「数の意味」の世界と、数値としての「数の実体」の世界との間を自由に行き来できるようにせよ、という問題だ。面積としてあらわされていれば、様々な計算手法でその値を求めることはできるが、逆にその値だけから、どんな図形の面積か推理せよ、ということだ。

問3は、その文面そのままで言えば、吉永正彦氏という日

本の若い数学者がリウヴィユとゲーデルをあわせたような方法で、既に周期でない数を構成している。ここは話を拡張して「数学的に重要な数で、周期でない数を見つけよ」という問題に言い換えておこう。

ザギエとコンツェビッチは面白いことに、e は周期でないだろう、と予想している。ということは、周期でないような重要な数が存在するであろう、と予想しているわけで、周期にならないような数に対しての身分証明書をどう作ればよいか、というさらなる問題も暗黙のうちに提示されているのである。

結論

超越数に身分証明書（つまり数の正体）を与え、その正体を見破る方法を開発することは、これからの重要な数学の研究課題である。

---

4. 超越数の正体を連分数を使って見破る

超越数の中には、連分数を使ってその正体を見破れる数があるので、最後にそのような例をちょっとだけ紹介して本書を終わることにしよう。まずはネピアーの数は、次のような連分数展開を持つ。

CHAPTER 9　数当て再考

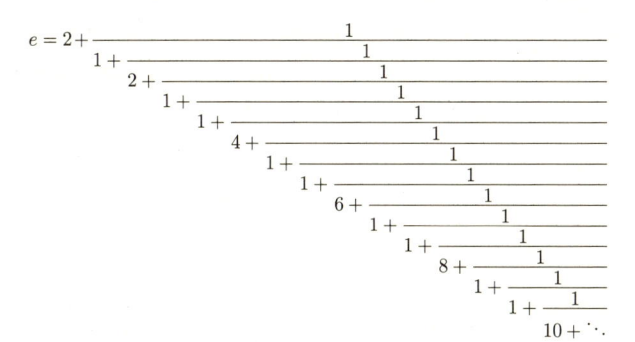

$$e = 2 + \cfrac{1}{1+\cfrac{1}{2+\cfrac{1}{1+\cfrac{1}{1+\cfrac{1}{4+\cfrac{1}{1+\cfrac{1}{1+\cfrac{1}{6+\cfrac{1}{1+\cfrac{1}{1+\cfrac{1}{8+\cfrac{1}{1+\cfrac{1}{1+\cfrac{1}{10+\cdots}}}}}}}}}}}}}}$$

つまり1が並ぶ中に2つおきに偶数が2、4、6、8、10、…と順番に並ぶのである。

本書では「連分数」といえば分子に1が並ぶものだけを考えたが、次のような関数項連分数もあって、応用上重要である。

$$\frac{e^x - e^{-x}}{e^x + e^{-x}} = \cfrac{x}{1+\cfrac{x^2}{3+\cfrac{x^2}{5+\cfrac{x^2}{7+\cfrac{x^2}{9+\cdots}}}}}$$

一番上の分子だけが x で、他の分子は x^2 だ。分母には奇数 1、3、5、7、… が順に並ぶ。ここで $x=1$ を代入し、左辺の分母・分子に e を掛けると

$$\frac{e^2-1}{e^2+1} = \cfrac{1}{1+\cfrac{1}{3+\cfrac{1}{5+\cfrac{1}{7+\cdots}}}}$$

となる。

281

また、これによって数の正体が見破れるというわけではないが、第8章でフェルマーをギャフンと言わせたブラウンカーによる華麗な連分数も紹介しておこう。

$$\pi = \cfrac{4}{1+\cfrac{1^2}{3+\cfrac{2^2}{5+\cfrac{3^2}{7+\cfrac{4^2}{9+\cfrac{5^2}{11+\ddots}}}}}}$$

まだまだ不思議な等式がたくさんあるが、列挙し始めるとキリがない。分数が持つ底知れぬ魅力の物語、ほんの入り口までご案内したところで、本書の役割は終わりとさせていただこう。

付録

1．ニュートン法

イントロダクションで、「入力に対して、その数と、その逆数の 2 倍との相加平均を取る」という操作を繰り返すと、$\sqrt{2}$ に近づいていく、という現象を紹介した。その種明かしをしておこう。これは実は**ニュートン法**で $\sqrt{2}$ を求める手順とぴったり同じなのである。

放物線 $y = x^2 - 2$ 上の点 $(a, a^2 - 2)$ での接線の方程式が $y = 2ax - a^2 - 2$ となるが、その接線と x 軸との交点の x 座標が、a と $\dfrac{2}{a}$ との相加平均 $\dfrac{a + \dfrac{2}{a}}{2} = \dfrac{a}{2} + \dfrac{1}{a}$ になる。接線は $y = x^2 - 2$ のグラフの近似なので、a が $\sqrt{2}$ よりもちょっと大きい数であれば、a よりも $\dfrac{a}{2} + \dfrac{1}{a}$ の方が $\sqrt{2}$ にうんと近い数字になる。この操作を何度も繰り返すと $\sqrt{2}$ にどんどん近づいていくのである（14 ページでは $\sqrt{2}$ より小さい 1 から始めているが、$\dfrac{1}{2} + 1 = \dfrac{3}{2}$ が $\sqrt{2}$ よりちょっと大きくなるので、後は $\sqrt{2}$ に近づく）。

付録

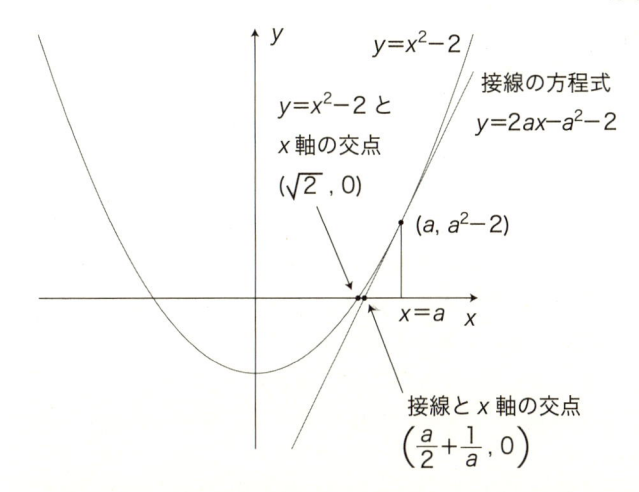

図：
- $y = x^2 - 2$
- $y = x^2 - 2$ と x 軸の交点 $(\sqrt{2}, 0)$
- 接線の方程式 $y = 2ax - a^2 - 2$
- $(a, a^2 - 2)$
- $x = a$
- 接線と x 軸の交点 $\left(\dfrac{a}{2} + \dfrac{1}{a}, 0\right)$

接線を求める方法は普通は微分だが、2 次式の場合は次のようにしても求めることができる。下の式の左辺がグラフの方程式、右辺が直線の方程式だ。この等式が $x = a$ だけで重根を持つようにすればよい。

$$x^2 - 2 = sx + t$$

そこで $x^2 - 2 - (sx + t) = (x - a)^2$ とおいて係数を比較できるよう整理すると

$$x^2 - sx - (t + 2) = x^2 - 2ax + a^2$$

より $s = 2a$、$t + 2 = -a^2$ となり、接線の方程式 $y = 2ax - a^2 - 2$ が求まった。

ニュートン法は第 9 章でも使うので、そちらの話についてもここで解説しておこう。

有理数係数の多項式のグラフと x 軸との交点（よって有理

285

数係数の多項式方程式の根）を同じ方法でいくらでも正確に求めることができる。微分を使って計算すれば、有理数係数多項式のグラフの、x座標が有理数となる点での接線の方程式はやはり有理数係数になるので、初期値のaを有理数に選べば、そこでの接線とx軸との交点も有理数を座標に持つ。よって、ニュートン法を使って有理数係数多項式方程式の根をいくらでも正確に有理数で近似することができるのである。

3次以上の方程式だと微分が必要になるが、微分をご存じの読者のために、簡単な例で実演しておこう。

$\sqrt[3]{2}$ は $x^3-2=0$ の根であり、$y=x^3-2$ のグラフの (a, a^3-2) での接線の方程式を微分を使って計算すると $y=3a^2 x - 2(a^3+1)$ となることがわかるので、その接線が x 軸と交わる点の x 座標 $\dfrac{2(a^3+1)}{3a^2}$ は、元の a よりも $\sqrt[3]{2}$ に近くなる（ただし出発点の a は $\sqrt[3]{2}$ より大きいものとする）。

$f(a)=\dfrac{2(a^3+1)}{3a^2}$ とおくと、$\sqrt[3]{2}$ は $\dfrac{4}{3}$ よりちょっと小さい数なので、$\dfrac{4}{3}$ から出発して

$$f\left(\frac{4}{3}\right)=\frac{91}{72}=1.263888888888888888\cdots$$

$$f\left(\frac{91}{72}\right)=\frac{1126819}{894348}=1.2599334934\cdots$$

$$\begin{aligned}f\left(\frac{1126819}{894348}\right)&=\frac{21460975249390
83451}{17033587341911
74242}\\&=1.25992105001776977
37\cdots\end{aligned}$$

一方、実際の値は

$$\sqrt[3]{2}=1.25992104989487316\cdots$$

なので、$\dfrac{4}{3}$ から出発してニュートン法の計算を3回繰り返し

たところで小数点以下 10 桁目を四捨五入すると両方同じ数の並び 1.259921050 となるような、よい近似分数が求められる。このように、代数的数はニュートン法を使うことで、いくらでも正確な近似分数を見つけることができるのである。

2. 142857 と同様の性質を持つ数

第 1 章第 2 節でみた 142857 と同様の性質を持つ数を、同じアイデアでどんどん作ることができる。例えば

$$1 \div 17 = 0.\overset{\text{循環節}}{\overline{0588235294117647}}0588235294117647\cdots$$

の循環節 0588235294117647 の長さは 16 桁で、「余り」としては 1 から 16 まで全ての数が出てくる。この循環節の倍数を順に計算してみると

$$588235294117647 \times 1 = 0588235294117647$$
$$588235294117647 \times 2 = 1176470588235294$$
$$588235294117647 \times 3 = 1764705882352941$$
$$588235294117647 \times 4 = 2352941176470588$$
$$588235294117647 \times 5 = 2941176470588235$$
$$588235294117647 \times 6 = 3529411764705882$$
$$588235294117647 \times 7 = 4117647058823529$$
$$588235294117647 \times 8 = 4705882352941176$$
$$588235294117647 \times 9 = 5294117647058823$$
$$588235294117647 \times 10 = 5882352941176470$$
$$588235294117647 \times 11 = 6470588235294117$$
$$588235294117647 \times 12 = 7058823529411764$$

$$588235294117647 \times 13 = 7647058823529411$$
$$588235294117647 \times 14 = 8235294117647058$$
$$588235294117647 \times 15 = 8823529411764705$$
$$588235294117647 \times 16 = 9411764705882352$$

となり、確かに同じ数字の並びで出発点が違うものが全部あらわれる。同様の現象が

　　　　　　　循環節
$1 \div 19 = 0.\overbrace{052631578947368421}\,052631578947368421\cdots$
　　　　　　　循環節
$1 \div 23 = 0.\overbrace{0434782608695652173913}\,0434782608695652173913\cdots$
　　　　　　　循環節
$1 \div 29 = 0.\overbrace{0344827586206896551724137931}\,034482758620689\cdots$

以下 47、59、61、97、109、113、131、149、… という分母に対して起こる。無限に多くの分母に対して同様のことができる、と予想されているが、本当に無限個あるかどうかはまだ証明されていない。

3．2次方程式の解の公式

まず、一見簡単な問題を考えてもらおう。次の図の2つの四角形のどちらが大きいだろうか？

どちらの四角形が大きい？

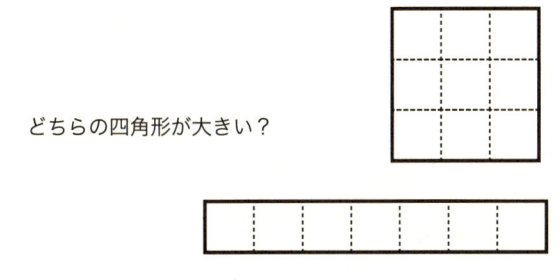

正方形はマス目が9個、長方形はマス目が7個なので正方形の方が大きい……という答えは、残念ながら不正解だ。「四角形の大小は面積で比べる」とは一言も言っていないからだ。例えば、もしもこれがパソコンのモニターの画面だったら、画面の大きさは対角線の長さで測られるので、明らかに長方形の方が長い。もし正方形のモニターの対角線が30インチなら、長方形は対角線が50インチの大画面である（$30 : x = \sqrt{18} : \sqrt{50} = 3\sqrt{2} : 5\sqrt{2} = 3 : 5$）。あるいは各マス目が一辺1キロメートルで、太枠がマラソンコースをあらわしているとすると、正方形を一周するコースは12キロメートルで長方形を一周するコースは16キロメートル。正方形コースの方が短いコースになり、モニター画面としてもマラソンコースとしても、正方形の方が「小さい」四角形だ。この問題に対しては「四角形の大きさはどうやって測るのか？ と問い返す」のが正解である。

ヴィクター・カッツ著『数学の歴史』に、大昔、長方形の大きさを「縦×横」ではなく、「縦＋横」で測っていた時代があった、とする説が紹介されている。不動産屋に雇われた縄張師が2つの長方形の土地を同じ縄で囲ってみせて、「ほら、同じ大きさですよ」と客をだます様子が目に浮かぶよう

だ。客は、縄のたるみとかに気を取られて、「周の長さが同じでも、長方形の面積が同じとは限らない」というからくりに気付かない。

「へえー、昔の人って頭が悪かったんだねえ」と思われるかもしれないが、そういう話ではない。頭の悪さなら、テレビ画面の形が細長いハイビジョンになって、対角線の長さが同じでも面積が1割以上小さくなっているのに、同じインチ数なら同じ大きさの画面だと思い込んでいる現代人だって同じことだ。古代人は頭が悪いどころか、この誤解をきっかけにして、2次方程式の解の公式を発見してしまったではないか、というのがカッツの説だ。時は紀元前約1800年、場所は第1バビロン王朝、今のイラク。「目には目を、歯には歯を」で有名なハンムラビ王の治世である。

　周の長さが一定の長方形のうちで、面積が最大になるのはどんな形だろうか？　そう、正方形になりそうだ。

　図のように、まず一辺 A の正方形を考える。次にその横幅を B だけ増やし、その分高さを B だけ減らして（よって「縦＋横」は変わらない）作った長方形を描いてみる。元の正方形と新しい長方形とを比べると $A \times B$ の長方形が削られ、そのかわりに $(A-B) \times B$ の長方形が増えるので、差し引き $B \times B$ という正方形分、つまり B^2 だけ面積が減ることになる。

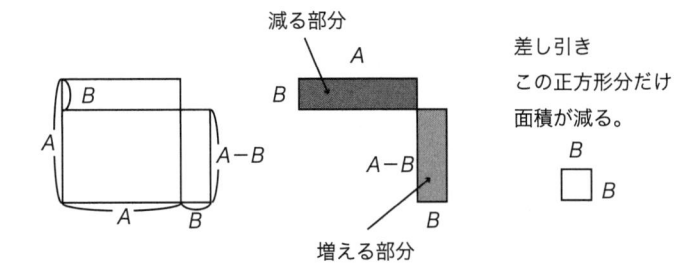

付録

```
     B
  ┌─────┐
 A│     │A−B
  └─────┘
    A  B
```

減る部分
```
    A
 B ┌───┐
   │   │
   │   │A−B
   └───┘
      B
```
増える部分

差し引き
この正方形分だけ
面積が減る。

```
 B
┌─┐
└─┘ B
```

式で書けば、本文で証明した鍵の公式 $(A+B)(A-B) = A^2 - B^2$ だが、バビロニアの人たちは上のような図で考えていたと思われる。

さて、この仕組みがわかれば、次のような問題が解けてしまう。大英博物館所蔵の粘土板 BM13901 に**楔形文字**で書かれた問題だ。

正方形の面積から、その一辺の長さを引いたら 870 であった。その一辺の長さを求めよ。

面積から一辺の長さを引くところが、次元が合わなくてちょっと変な感じだが、$x^2 - x = x(x-1)$ ということなので、横 x、縦 $(x-1)$ の長方形の面積が 870 だ、という条件だと思うことができる。縦 $(x-1)$、横 x の長方形は、縦横 $x - \frac{1}{2}$ の正方形と周の長さが同じなので、次の図のように考えてみる。

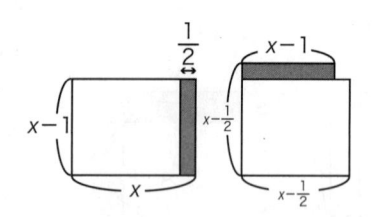

縦 $(x-1)$、横 x の長方形の右端を幅 $\frac{1}{2}$ だけ切り取り、長方形の上へ移動する。すると、一辺 $x-\frac{1}{2}$ の正方形の右上隅から一辺 $\frac{1}{2}$ の正方形を切り取った形になる。すなわち、一辺が $x-\frac{1}{2}$ の正方形の面積は $870+\frac{1}{4}=\frac{3481}{4}$ となる。よってその正方形の一辺の長さ $x-\frac{1}{2}$ は $\sqrt{\frac{3481}{4}}=\frac{59}{2}$ となり(楔形文字のテキストでこの平方根の計算をしているところがすごい。多分数表を使ったのであろう)、$x=\frac{59}{2}+\frac{1}{2}=30$ となることがわかる。実際検算してみると、$30^2=900$ から一辺の長さ 30 を引いて確かに 870 となっている。

もう一問、今度はイェール大学所蔵の粘土板 YBC4663 から次のような問題を考えてみよう。

縦 + 横 $=6\frac{1}{2}$、面積が $7\frac{1}{2}$ となる長方形の縦と横を求めよ。

縦 + 横 $=6\frac{1}{2}$ となるような正方形を考えると、一辺が $\frac{13}{4}$ なので、面積はその 2 乗、$\frac{169}{16}$ となる。問題となっている長方形の面積はそれより

$$\frac{169}{16}-7\frac{1}{2}=\frac{169}{16}-\frac{15}{2}=\frac{169}{16}-\frac{120}{16}=\frac{49}{16}$$

だけ小さい。つまり一辺 $\sqrt{\frac{49}{16}}=\frac{7}{4}$ の正方形分だけ面積が小さいので、横の方が縦より長いとすると、横 $=\frac{13}{4}+\frac{7}{4}=5$、縦 $=\frac{13}{4}-\frac{7}{4}=\frac{3}{2}$ となる。もし逆に横の方が短ければ、横 $=\frac{3}{2}$、縦 $=5$ だ。実際検算してみると、横＋縦 $=5+\frac{3}{2}=6\frac{1}{2}$、面積 $=5\times\frac{3}{2}=\frac{15}{2}=7\frac{1}{2}$ で、条件を満たしている。一般に、同じような方法で、2つの数の和と積がわかれば、その2つの数を求めることができるわけだ。

　以上、2つのパターンの粘土板の問題を解いてみた。これらは、今の言葉で言うと2次方程式の解法の説明になっている。この時代は文字式なんかはなかったので、具体的な例で解き方を見せるしかなかったわけだが、今の我々なら、以上のパターンの計算を一般化して「解の公式」という使いやすい形式にまとめることができる。

　大英博物館 BM13901 の問題でやってみよう。この問題を一般化すると、「長方形があって、横の長さが縦の長さより A だけ長く、面積が B であったとする。この長方形の縦の長さを求めよ」。求める縦の長さを x とおいて式を立てると $x(x+A)=B$、つまり

$$x^2 + Ax = B$$

という2次方程式になる。この長方形と周の長さが同じ正方形は一辺 $x+\frac{A}{2}$ となり、その正方形の面積はもとの長方形の面積 B よりも $\left(\frac{A}{2}\right)^2$ だけ大きくなるので

$$\left(x+\frac{A}{2}\right)^2 = B + \left(\frac{A}{2}\right)^2$$

という式が得られる。両辺の平方根を取って（現代の我々

は負の数を知っているので、プラスマイナスをつけて）

$$x + \frac{A}{2} = \pm\sqrt{B + \left(\frac{A}{2}\right)^2}$$

両辺から $\frac{A}{2}$ を引いて、元の2次方程式の解は

$$x = -\frac{A}{2} \pm \sqrt{B + \left(\frac{A}{2}\right)^2} = \frac{-A \pm \sqrt{A^2 + 4B}}{2}$$

とあらわされることがわかった。

一般の2次方程式

$$ax^2 + bx + c = 0 \quad (ただし a \neq 0) \cdots\cdots (*)$$

の解の公式を、上記の考察から導いておこう。(*) を a で割り、$\frac{c}{a}$ を移項して

$$x^2 + \frac{b}{a}x = -\frac{c}{a}$$

と変形すると、$A = \frac{b}{a}$、$B = -\frac{c}{a}$ とおけば先ほど解決したパターンにぴったり一致する。そこでこの A と B の値を代入すると

$$x = -\frac{b}{2a} \pm \sqrt{\left(-\frac{c}{a}\right) + \left(\frac{b}{2a}\right)^2}$$
$$= \frac{-b \pm \sqrt{b^2 - 4ac}}{2a}$$

という解の公式が得られた。

2次方程式の解の公式

$a \neq 0$ のとき、$ax^2 + bx + c = 0$ という形の2次方程式の解は

$$x = \frac{-b \pm \sqrt{b^2 - 4ac}}{2a}$$

という公式で与えられる。

　この解の公式を使って、イェール大学 YBC4663 の問題を解いてみよう。長方形の横の長さを x とおくと、縦は $6\frac{1}{2} - x$ なので、その面積は $x\left(6\frac{1}{2} - x\right)$、これが $7\frac{1}{2}$ に等しいので

$$x\left(6\frac{1}{2} - x\right) = 7\frac{1}{2}$$

という方程式が得られる。展開し、整理して分母を払うと

$$2x^2 - 13x + 15 = 0$$

という形にできる。そこで $a = 2$、$b = -13$、$c = 15$ を解の公式に代入すると

$$\begin{aligned}
x &= \frac{13 \pm \sqrt{169 - 4 \times 2 \times 15}}{4} \\
&= \frac{13 \pm \sqrt{49}}{4} \\
&= \frac{13 \pm 7}{4} = \begin{cases} \dfrac{20}{4} = 5 \\ \dfrac{6}{4} = \dfrac{3}{2} \end{cases}
\end{aligned}$$

と解が求まる。つまり横 5（よって縦 $6\frac{1}{2} - 5 = \frac{3}{2}$）の長方形か、あるいは横 $\frac{3}{2}$（よって縦 $6\frac{1}{2} - \frac{3}{2} = 5$）の長方形の 2 通りが考えられる。バビロニアの粘土板と同じ答えが得られた。

　バビロニアの方式だと、2 つの粘土板それぞれで別々に考える必要があったが、正の数も負の数も自由自在に代入できる我々の代数では、一方をきちんと理解して解の公式さえ作っ

ておけば、新たな工夫を要することもなく、どんな2次方程式でも簡単に解けてしまうのである。

練習問題17

(1) 長方形の縦の長さが横の長さよりも2m長く、面積が24m^{2}だったとする。この長方形の縦の長さと横の長さを求めよ。
(2) 長方形の周の長さが11、面積が6であったとする。横長の長方形であったとして、この長方形の縦の長さと横の長さを求めよ。
(3) 100m離れた所にあるポストまで駆け足でハガキを出しに行きました。行きは一定の速度で走り、帰りは行きよりも秒速1mだけ速いスピードで走ったところ、往復でちょうど50秒かかりました。行きの速度を求めなさい。ただし、ハガキは一瞬で投函したものとします（ヒント：バビロニアの人はルートは知りませんでしたが、我々は既にルートを知っていますよね）。

（解答は316ページ）

4．小数の底力：2進法の小数

対数を電卓の四則演算で計算する準備として、**2進法**表記、特に2進法の小数について調べておこう。我々は日常10進法表記に慣れ親しんでおり、その10を2に変えただけなので、本来2進法といっても何も恐れたり不思議がったりする必要のないものである。しかし10進法があまりにも血肉と化しているがために、かえって一番最初に10進法を学んだときに難しいと思った記憶が抜け去っていて、2進法という形で再び同じ問題に直面したときに、まるでそれが初めて出

会ったかのように新鮮に感じてしまうのである。

10進法は10を表記の基礎に置いた数の表記方法である。例えば10進法で432.79と表記された数とは

$$
\begin{array}{rl}
400 & = 4 \times 10^2 \\
30 & = 3 \times 10^1 \\
2 & = 2 \times 10^0 \\
0.7 & = 7 \times 10^{-1} \\
+)\quad 0.09 & = 9 \times 10^{-2} \\
\hline
432.79 &
\end{array}
$$

という意味になる。10進法では10種類の数字を使い、0、1、2、3、4、5、6、7、8、9と進んで、その次の数になってようやく位が上がり10になるが、2進法では2種類の数字しか使わない。つまり0、1と進んで、その次の数は10である。「10」と書いたときに、10進法表記か2進法表記かによってその意味が違うので、2進法表記のときは右下に小さく2をつけて10_2というようにあらわすことにしよう。2進法表記を読み取るには

$$432.79 = 4\times 10^2 + 3\times 10^1 + 2\times 10^0 + 7\times 10^{-1} + 9\times 10^{-2}$$

と読み取ったときの10を2で置き換えればよい。例えば2進法で1001101_2とあらわされる数は

$$
\begin{array}{rl}
1000000_2 & = 2^6 = 64 \\
1000_2 & = 2^3 = 8 \\
100_2 & = 2^2 = 4 \\
+)\quad 1_2 & = 2^0 = 1 \\
\hline
1001101_2 & = 64+8+4+1 = 77
\end{array}
$$

というように読み取れるので、$1001101_2 = 77$というわけだ。

小数についても同様に考えればよい。例えば11.101_2は

$$
\begin{array}{r}
1\,0.0\,0\,0_2 = 2^1 = 2 \\
1.0\,0\,0_2 = 2^0 = 1 \\
0.1\,0\,0_2 = 2^{-1} = \dfrac{1}{2} \\
+)\quad 0.0\,0\,1_2 = 2^{-3} = \dfrac{1}{8} \\ \hline
1\,1.1\,0\,1_2 \quad = 2+1+\dfrac{1}{2}+\dfrac{1}{8} = 3\dfrac{5}{8}
\end{array}
$$

となり、$11.101_2 = 3\dfrac{5}{8}$ と読み取れる。小数のもうひとつの読み取り方は、2 進法の小数をいきなり 2 進法の分数に書き換えてしまって、分母分子を整数として読み取る方法である。つまり

$$11.101_2 = \dfrac{11101_2}{1000_2}$$

となり、$11101_2 = 16+8+4+1 = 29$、$1000_2 = 8$ なので

$$11.101_2 = \dfrac{11101_2}{1000_2} = \dfrac{29}{8} = 3\dfrac{5}{8}$$

としてもよい。

数 A があったとする。この数を 2 進法の小数で書きあらわしたいとしよう。話を簡単にするために、A は 0 と 1 の間の数とする。つまり A の小数表示は「0.」まで、整数部分が 0 だとわかっていて、その下の小数点以下の部分を調べたいことにする。

さて、この A の小数点以下 1 桁目を計算するためには A を 2 倍して、それが 1 より大きいか小さいかを調べればよい。なぜなら、2 は 2 進法表記で 10_2 なので、「2 倍する」という

ことは、2進法表記で「10_2 倍する」ということ、つまり小数点をひとつ右へ移動させることだからである。

もし $A = 0.1\cdots_2$ ならば、$10_2 \times A = 1.\cdots_2$ なので、1以上の数になるし、逆に $A = 0.0\cdots_2$ ならば、$10_2 \times A = 0.\cdots_2$ なので、1未満の数になるからだ。

さて。A の小数点以下1桁目が求まったので、次に A の小数点以下2桁目に移ろう。$2A$ の小数部分を B とおく。つまり $2A$ が1未満なら $B = 2A$ とし、$2A$ が1以上なら $B = 2A - 1$ とする。そうすると、B は0と1の間の数で、しかも A の小数点以下2桁目は、B の小数点以下1桁目に等しい。B の小数点以下1桁目を求めるには、再び B を2倍して、それが1以上か1未満であるかを調べればよい。つまり、$2B$ が1以上なら A の小数点以下2桁目は1だし、$2B$ が1未満なら A の小数点以下1桁目は0だ。

さらに先に進むには、今度は $2B$ の小数部分を C とおいて、$2C$ と1とを比べればよい。さらに $2C$ の小数部分を D とおいて、$2D$ と1とを比べれば、A の小数点以下4桁目が求まる。この方法でどんどん計算を続けていけば、A を2進法であらわしたときの小数点以下の数字が上から順に次々と求まっていくのである。

試しにこの方法を使って $\frac{1}{3}$ を2進法の小数であらわしてみよう。

$A = \frac{1}{3}$ とおく。これは0以上1未満なので、小数表示すると、まず $0.\cdots_2$ となる。次に、$2A = \frac{2}{3}$ を考えると、これは1より小さい。よって $\frac{1}{3} = 0.0\cdots_2$ である。$B = 2A = \frac{2}{3}$ とし、$2B$ を計算すると、$2B = \frac{4}{3}$ となり、これは1以上だ。よって A の小数点以下2桁目は1。つまり $\frac{1}{3} = 0.01\cdots_2$ となる。

$2B = \frac{4}{3}$ の小数部分は $\frac{1}{3}$ なので、$C = \frac{1}{3}$ とする。$2C = \frac{2}{3}$ となるので、A の小数点以下 3 桁目は 0 であることがわかり、$\frac{1}{3} = 0.010\cdots_2$ となる。$D = \frac{2}{3}$ となり、それを 2 倍にすると、$2D = \frac{4}{3}$、これは 1 より大きいので小数点以下 4 桁目は 1 となる。

　気付いた方もいるかもしれないが、以下同じパターンが繰り返すのである。1 桁ずつ交互に 0 と 1 が並び、2 進法表記では $\frac{1}{3}$ は

$$\frac{1}{3} = 0.01010101_2\cdots \quad \text{（01 が無限に繰り返す）}$$

と循環小数になることがわかる。実際 $A = 0.010101\cdots_2$ とすると、$4A = 100_2 A = 1.010101\cdots_2$ となり、$4A = A + 1$、つまり $3A = 1$ なので確かに $A = \frac{1}{3}$ になっていることが確かめられる。さらにいうと、2 進法でも普通の 10 進法と同じように割り算ができ、小数表示も得られる。

$$
\begin{array}{r}
0.010101\cdots_2 \\
11_2 \overline{\smash{)}\ 1_2 00} \\
\underline{11_2} \\
100_2 \\
\underline{11_2} \\
100_2 \\
\underline{11_2}
\end{array}
$$

　実はこの計算は、上の「1 桁ずつずらしていく」方法で $\frac{1}{3}$ を求めていったのと同じ計算になっているのである。

　ちなみに、2 進法で表記しても、有理数は循環小数になるし、逆に 2 進法で循環小数としてあらわされる数は有理数である。証明は 10 進法の場合と全く同じだ。

5. 四則のみを使った対数の計算

正の数 a、b が与えられたとき（話を簡単にするため、$a>1$、$1<b<a$ としておこう）、$\log_a b$ の 2 進法による小数表示を電卓で計算する方法を紹介しよう。電卓としては、表示されている数の 2 乗が簡単に計算できるものを使うことが望ましい（大抵の電卓では、$\boxed{\times}$ $\boxed{=}$ とキー入力すると 2 乗されることになっているようである）。また、a が複雑な数なら、それをいつでもよび出せるように、メモリーがあると便利だ。

例として、$\log_{10} 3$ の 2 進法による小数表示を求めてみよう。

10 が底なので、メモリーに 10 を入れておいて、$\boxed{\text{RM}}$ で 10 がよび出せるようにしておく。次に、3 をキー入力する。$1<3<10$ なので、$\log_{10} 3$ の整数部分は 0 だ。紙に「0.」と書く。

さて、小数点以下 1 桁目の計算だ。$\boxed{\times}$ $\boxed{=}$ と入力する、つまり 3 を 2 乗する。電卓には 9 と表示されているはずで、まだ底である 10 には届かない。これが 10 以上なら小数点以下 1 桁目が 1、そうでなければ 0 だ。ここでは 0 となるので、紙の「0.」の次に 0 を書いて「0.0」とする。

表示されている 9 をさらに 2 乗する。電卓の画面は 81 となり、これは底である 10 より大きい数だ。そこで小数点以下 2 桁目に 1 を記入して（よって紙の記録は 0.01 となる）、電卓で $\boxed{\div}$ $\boxed{\text{RM}}$ $\boxed{=}$ と入力し、底である 10 で割り算して 8.1 にする。

次の桁を計算するために、再び $\boxed{\times}$ $\boxed{=}$ と入力して 2 乗する。65.61 となり、再び 10 より大きくなるので小数点以下 3 桁目に 1 を記入して 0.011 とし、$\boxed{\div}$ $\boxed{\text{RM}}$ $\boxed{=}$ と入力して 10 で割り算すると電卓の表示は 6.561 となる。

再び $\boxed{\times}$ $\boxed{=}$ と入力して 2 乗する。43.046721 と再び 10

より大きくなるので、小数点以下4桁目にも1を記入して0.0111とし、10で割り算して4.3046721が得られる。これを2乗するとまた10より大きくなるので、小数点以下5桁目も1で0.01111、10で割り算して1.8530201となる。

1.8530201を2乗すると、これは10以下。0を記入して、0.011110、もう一度2乗すると10より大きくなるので、1を記入して0.0111101、10で割って表示は（大体）1.1790181となる。このあと3回0が続き、その次に1がきて0.01111010001というように小数表示が求まっていく。$\log_{10} 3$ の2進法による小数表記は、このようにして計算できる。

いくつか実験した結果、8桁の電卓では結果が正しいのは2進法の小数点以下25桁くらいが限界のようだ。安全のため、小数点以下20桁目まで求めて計算を止めると

$$\log_{10} 3 = 0.01111010001001001001\cdots_2$$

という小数表示が得られる。

$$0.01111010001001001001_2 = \frac{11110100010010010011_2}{100000000000000000000_2}$$

を10進法で分数表示すると $\frac{500297}{1048576}$ となり、その値は10進法小数表示で $0.4771203\cdots$ となる。2進法小数表示の最後の桁を1だけ増やして（上の桁に繰り上がる！）

$$0.01111010001001001010_2 = \frac{11110100010010010010_2}{100000000000000000000_2}$$

の値を計算すると $\frac{500298}{1048576} = 0.4771213\cdots$ となる。$\log_{10} 3$ の値はこの2つの値の間にあるので、0.47712までは確かで、その次の桁は0か1、ということがわかった。ちなみに、正確な値は

付録

$$\log_{10} 3 = 0.47712125471966\cdots$$

である。

このやり方で対数が計算できる理由を解説しておこう。

$A = \log_{10} 3$ とおく。上で行った計算は、この A の小数表示を前の節の方法を使って次々と求めることにあたる。まず log の定義から、$10^A = 3$ である。両辺を 2 乗すると、$10^{2A} = 9$、この 9 は 1 と 10 の間にあるので、10 を底とする両辺の対数を取って $2A = \log_{10} 9$ は 1 より小さい。よって A の 2 進法表示の小数点以下 1 桁目は 0 である。

$2A < 1$ なので、$B = 2A$ である。つまり $10^B = 9$。両辺を 2 乗して、$10^{2B} = 81$。この 81 は 10 より大きいので、両辺の 10 を底とする対数を取って $2B = \log_{10} 81$ は 1 より大きい。よって A の小数点以下 2 桁目は 1 となる。$C = 2B - 1$ なので

$$10^C = 10^{2B-1} = \frac{10^{2B}}{10} = \frac{81}{10}$$

つまり 10^C を求めるには、そこでの電卓の表示 81 を底 10 で割ればよい。

以下、次々と電卓の表示を 2 乗し、10 を超えたら 10 で割る、という操作が、対数を取った世界での 2 進法表示での小数点以下の桁を次々と求めていくことに対応していることが確かめられる。

最後に、本文で使った $\log_2\left(\dfrac{3}{2}\right)$ の値を計算してみよう。メモリーに 2 を入れ、1.5 と打ち込んで、上記の方法に従って $\log_2\left(\dfrac{3}{2}\right)$ の 2 進法における小数展開を求めると

$$\log_2\left(\frac{3}{2}\right) \fallingdotseq 0.100101011100000000001101_2$$

となる。10進法に書き換えると $0.5849624\cdots$ だ。表にある正しい値と比べてみると、小数点以下6桁目まで正しい数字になっていることがわかる。

6．行列と連分数

連分数は**行列**と相性がよい。行列をご存じの読者のために、行列と連分数の関係をごく簡単に紹介しておこう。特に、本文中で証明しきれなかった定理6（190ページ）が、行列を使えば自然に証明できる。記述は、多少コンパクトになっているので読みづらいかもしれないが、第5章で何十ページもかけて、しかも証明しきれなかった内容が、このわずかなページ数で、難しいことを何ひとつ使わずに厳密に証明できてしまっている、というところを汲み取ってもらいたい。

いま α が

$$\alpha = a_0 + \cfrac{1}{a_1 + \cfrac{1}{a_2 + \cfrac{1}{a_3 + \cdots}}}$$

と連分数展開されるとする。この α の n 次近似分数を $\dfrac{p_n}{q_n}$ と書く。分数の値が負になるときは p_n をマイナスにとることとし、分母の q_n は常にプラスとしておく。

定理11

$\begin{pmatrix} 0 & 1 \\ 1 & a_k \end{pmatrix}$ という形の行列の積として、p_n、q_n をあらわすことができる。すなわち $n \geq 1$ のとき

$$\begin{pmatrix} 0 & 1 \\ 1 & a_0 \end{pmatrix} \begin{pmatrix} 0 & 1 \\ 1 & a_1 \end{pmatrix} \cdots \begin{pmatrix} 0 & 1 \\ 1 & a_n \end{pmatrix} = \begin{pmatrix} q_{n-1} & q_n \\ p_{n-1} & p_n \end{pmatrix}$$

という等式が成り立つ。

証明) n に関して数学的帰納法。$n=1$ のときは

$$右辺 = \begin{pmatrix} q_0 & q_1 \\ p_0 & p_1 \end{pmatrix} = \begin{pmatrix} 1 & a_1 \\ a_0 & a_0 a_1 + 1 \end{pmatrix}$$

$$左辺 = \begin{pmatrix} 0 & 1 \\ 1 & a_0 \end{pmatrix} \begin{pmatrix} 0 & 1 \\ 1 & a_1 \end{pmatrix} = \begin{pmatrix} 1 & a_1 \\ a_0 & 1+a_0 a_1 \end{pmatrix}$$

なので、この両者は確かに等しくなる。

$(n-1)$ のときに定理が成り立つとしよう。連分数を計算する手順 1 は α の小数部分 $\alpha - a_0$ の逆数を取ることから始まるが、そうやって求めた逆数を β とおく。$\alpha = a_0 + \dfrac{1}{\beta}$ であり、β の連分数展開をこの β のところに代入したのが α の連分数展開なので

$$\beta = a_1 + \cfrac{1}{a_2 + \cfrac{1}{a_3 + \cfrac{1}{a_4 + \ddots}}}$$

というようになる。β の n 次近似分数を $\dfrac{P_n}{Q_n}$ というように、大文字であらわすことにすると、β に対して定理の $(n-1)$ の場合を適用して

$$\begin{pmatrix} 0 & 1 \\ 1 & a_1 \end{pmatrix} \begin{pmatrix} 0 & 1 \\ 1 & a_2 \end{pmatrix} \cdots \begin{pmatrix} 0 & 1 \\ 1 & a_n \end{pmatrix} = \begin{pmatrix} Q_{n-2} & Q_{n-1} \\ P_{n-2} & P_{n-1} \end{pmatrix}$$

が成り立つ。一方、P_{k-1}、Q_{k-1} と p_k、q_k は

$$\frac{p_k}{q_k} = a_0 + \frac{1}{P_{k-1}/Q_{k-1}} = \frac{a_0 P_{k-1} + Q_{k-1}}{P_{k-1}}$$

と関係づけられるので、$p_k = a_0 P_{k-1} + Q_{k-1}$ と $q_k = P_{k-1}$

という式が成り立つ。よって定理で示すべき等式の右辺は

$$\begin{pmatrix} q_{n-1} & q_n \\ p_{n-1} & p_n \end{pmatrix} = \begin{pmatrix} P_{n-2} & P_{n-1} \\ a_0 P_{n-2} + Q_{n-2} & a_0 P_{n-1} + Q_{n-1} \end{pmatrix}$$

となる。一方、定理で示すべき等式の左辺は

$$\begin{pmatrix} 0 & 1 \\ 1 & a_0 \end{pmatrix} \begin{pmatrix} Q_{n-2} & Q_{n-1} \\ P_{n-2} & P_{n-1} \end{pmatrix}$$
$$= \begin{pmatrix} P_{n-2} & P_{n-1} \\ Q_{n-2} + a_0 P_{n-2} & Q_{n-1} + a_0 P_{n-1} \end{pmatrix}$$

となるので、左辺=右辺が成り立つ。これで帰納法が成立し、定理が証明された。(証明終わり)

この等式が $n=0$ でも成り立つようにするためには、$p_{-1}=1$、$q_{-1}=0$ とすればよい。つまり

$$\frac{p_{-1}}{q_{-1}} = \frac{1}{0} = \infty$$

と考えるのが自然である。本文 201 ページで、「-1 次近似を $\frac{1}{0} = \infty$ とする流儀がある」と述べたが、その根拠がここにある。

系

(1) $p_n q_{n-1} - p_{n-1} q_n = (-1)^{n+1}$

(2) $n > 0$ のとき

$$\begin{cases} p_n = a_n p_{n-1} + p_{n-2} \\ q_n = a_n q_{n-1} + q_{n-2} \end{cases}$$

(3) $q_n \geqq a_n q_{n-1}$ であり、$n > 1$ なら等号抜きで $q_n > a_n q_{n-1}$ が成り立つ。特に $q_0 \leqq q_1 < q_2 < q_3 < \cdots$ となる。

(4) $$\left|\frac{p_n}{q_n} - \alpha\right| < \frac{1}{a_{n+1}q_n^2}$$

(5) 自然数 n に対して $\left|\frac{p_{n-1}}{q_{n-1}} - \alpha\right| < \frac{1}{2q_{n-1}^2}$ か $\left|\frac{p_n}{q_n} - \alpha\right| < \frac{1}{2q_n^2}$ か少なくとも一方が成立する。

(6) α が無理数なら $\left|\frac{p}{q} - \alpha\right| < \frac{1}{2q^2}$ が成り立つ整数の組 (p, q) が無限個存在する。

証明) 行列の積の行列式は、それぞれの行列の行列式の積なので、定理 11 に適用すると(1)が得られる。

定理 11 の $(n-1)$ の場合の式

$$\begin{pmatrix} 0 & 1 \\ 1 & a_0 \end{pmatrix} \begin{pmatrix} 0 & 1 \\ 1 & a_1 \end{pmatrix} \cdots \begin{pmatrix} 0 & 1 \\ 1 & a_{n-1} \end{pmatrix} = \begin{pmatrix} q_{n-2} & q_{n-1} \\ p_{n-2} & p_{n-1} \end{pmatrix}$$

の両辺に右から $\begin{pmatrix} 0 & 1 \\ 1 & a_n \end{pmatrix}$ を掛けると左辺は定理 11 の左辺 = 定理 11 の右辺 = $\begin{pmatrix} q_{n-1} & q_n \\ p_{n-1} & p_n \end{pmatrix}$。一方右辺は

$$\begin{pmatrix} q_{n-2} & q_{n-1} \\ p_{n-2} & p_{n-1} \end{pmatrix} \begin{pmatrix} 0 & 1 \\ 1 & a_n \end{pmatrix} = \begin{pmatrix} q_{n-1} & q_{n-2} + a_n q_{n-1} \\ p_{n-1} & p_{n-2} + a_n p_{n-1} \end{pmatrix}$$

となるので、2 列目を比較して(2)が示された。

(3)は(2)からすぐわかる。実際、$n > 1$ のとき、分母 q_{n-2} は正と仮定しているので、$q_n = a_n q_{n-1} + q_{n-2} > a_n q_{n-1}$。一方、$q_1 = a_1 = a_1 \cdot q_0$ となる。

(4)は、[ポイント 1]（162 ページ）により正しい値 α が $\frac{p_n}{q_n}$ と $\frac{p_{n+1}}{q_{n+1}}$ の間にあるので

$$\left|\frac{p_n}{q_n}-\alpha\right|<\left|\frac{p_n}{q_n}-\frac{p_{n+1}}{q_{n+1}}\right|=\frac{|p_n q_{n+1}-p_{n+1}q_n|}{q_n q_{n+1}}=\frac{1}{q_n q_{n+1}}\leq\frac{1}{a_n q_n^2}$$

からわかる。

(5)は、もし $\left|\frac{p_{n-1}}{q_{n-1}}-\alpha\right|\geq\frac{1}{2q_{n-1}^2}$ かつ $\left|\frac{p_n}{q_n}-\alpha\right|\geq\frac{1}{2q_n^2}$ の両方が成り立つなら

$$\frac{1}{q_n q_{n-1}}=\left|\frac{p_n}{q_n}-\frac{p_{n-1}}{q_{n-1}}\right|\geq\frac{1}{2q_n^2}+\frac{1}{2q_{n-1}^2}$$

という不等式が成り立つ。右辺から左辺を引いて

$$0\geq\frac{1}{2}\left(\frac{1}{q_n}-\frac{1}{q_{n-1}}\right)^2\geq 0$$

となり、$q_n=q_{n-1}$、(3)よりそうなるのは $n=1$、$a_1=1$ となるケースのみで、このとき $\alpha=a_0+\frac{1}{2}$ となるしかない。ところがその場合は $a_1=2$ となってしまい、矛盾。よって少なくとも $\left|\frac{p_{n-1}}{q_{n-1}}-\alpha\right|\geq\frac{1}{2q_{n-1}^2}$ と $\left|\frac{p_n}{q_n}-\alpha\right|\geq\frac{1}{2q_n^2}$ のうち一方は不成立でなくてはならない、つまり(5)が示された。

(6)は、(5)より α の連分数近似 $\frac{p_n}{q_n}$ のうち少なくとも半分が $\left|\frac{p_n}{q_n}-\alpha\right|<\frac{1}{2q_n^2}$ を満たすので、明らか。(証明終わり)

系(1)は［ポイント 2］(162 ページ)、(4)は定理 6（190 ページ）、(5)は定理 2（175 ページ）の改良版であり、(6)はそれに伴って得られる、定理 2 の系の改良版である。

(6)よりさらに強く、「α が無理数なら $\left|\frac{p}{q}-\alpha\right|<\frac{1}{\sqrt{5}\,q^2}$ が成り立つ整数の組 (p,q) が無限個存在する」という事実が成り立つ。α が黄金比なら、$q_n^2\left|\frac{p_n}{q_n}-\alpha\right|$ が $\frac{1}{\sqrt{5}}$ にどんどん近づくので、それ以上は改善することができない。**黄金比の、**「**有理数近似の精度が最も悪くなる無理数である**」という性質を、このように精密に述べることができる。

練習問題解答

練習問題 1
(1) $0.111\cdots = \dfrac{1}{9}$ (2) $0.212121\cdots = \dfrac{7}{33}$
(3) $0.123123123\cdots = \dfrac{41}{333}$ (4) $0.347222\cdots = \dfrac{25}{72}$

練習問題 2
(1) $1 \div 13 = 0.076923076923\cdots$（7 桁目。076923 という 6 桁の数字が繰り返す。）
(2) $2 \div 13 = 0.153846153846\cdots$（7 桁目。153846 という 6 桁の数字が繰り返す。）
(3) 全て 7 桁目であり、6 桁の数字が繰り返す。3、4、9、10、12 を 13 で割るときは 076923 という数字が、5、6、7、8、11 を 13 で割るときは 153846 という数字が繰り返す。
(4) $1 \div 21 = 0.047619047619\cdots$（7 桁目。047619 という 6 桁の数字が繰り返す。）

$2 \div 21 = 0.095238095238\cdots$（7 桁目。095238 という 6 桁の数字が繰り返す。）

n と m が互いに素で、n が 5 で割れない奇数ならば $\dfrac{m}{n}$ は小数点以下 1 桁目から循環周期に入り、その周期の長さは分子 m によらず一定である。分母が 13 や 21 の場合、その周期は 6 桁になっている。

練習問題 3
(1) $0.444\cdots = \dfrac{1}{2+\dfrac{1}{4}} = \dfrac{4}{9}$

310

練習問題解答

(2) $0.313131\cdots = \cfrac{1}{3+\cfrac{1}{5+\cfrac{1}{6}}} = \cfrac{31}{99}$

(3) $0.123123\cdots = \cfrac{1}{8+\cfrac{1}{8+\cfrac{1}{5}}} = \cfrac{41}{333}$

(4) $0.347222\cdots = \cfrac{1}{2+\cfrac{1}{1+\cfrac{1}{7+\cfrac{1}{3}}}} = \cfrac{25}{72}$

(5) $0.4634146341\cdots = \cfrac{1}{2+\cfrac{1}{6+\cfrac{1}{3}}} = \cfrac{19}{41}$

(6) $0.2307692\cdots = \cfrac{1}{4+\cfrac{1}{3}} = \cfrac{3}{13}$

練習問題 4

(1) $0.3146067\cdots = \cfrac{1}{3+\cfrac{1}{5+\cfrac{1}{1+\cfrac{1}{1+\cfrac{1}{2}}}}} = \cfrac{28}{89}$

(2) $2.345679\cdots = 2+\cfrac{1}{2+\cfrac{1}{1+\cfrac{1}{8+\cfrac{1}{3}}}} = 2\cfrac{28}{81}\left(=\cfrac{190}{81}\right)$

(3) $1 \div 9801 = 0.000102030405060708091011121314 15\cdots$

(4) $10000 \div 970299 = 0.010306101521283645556 67892\cdots$

(5) $10100 \div 970299 = 0.0104091625364964\cdots$

(6) フィボナッチ数は順に 1、1、2、3、5、8、13、21、34、55、89、144、233、377、610、987、1597、$\cdots$

練習問題 5
(1) (i) $\dfrac{6\pm\sqrt{36-32}}{2}=2,4$ (ii) $\dfrac{2\pm\sqrt{4+4}}{2}=1\pm\sqrt{2}$
(2) $x^2=x+6$ なので、$x^2-x-6=0$、解の公式により $x=\dfrac{1\pm5}{2}=3,-2$、よって答えは 3 と -2。

練習問題 6
(1) $99\times 101=(100-1)(100+1)=100^2-1^2=10000-1=9999$
(2) $998\times 1002=(1000-2)(1000+2)=1000^2-2^2=1000000-4=999996$
(3) $301\times 299=(300+1)(300-1)=300^2-1^2=90000-1=89999$

練習問題 7
(1) $\dfrac{1}{\sqrt{6}-2}=\dfrac{\sqrt{6}+2}{(\sqrt{6}-2)(\sqrt{6}+2)}=\dfrac{\sqrt{6}+2}{2}=\dfrac{\sqrt{6}}{2}+1$
(2) $\dfrac{1}{2\sqrt{2}+3}=\dfrac{2\sqrt{2}-3}{(2\sqrt{2}+3)(2\sqrt{2}-3)}=\dfrac{2\sqrt{2}-3}{-1}=-2\sqrt{2}+3$
(3) $\dfrac{1+\sqrt{3}}{3\sqrt{3}-5}=\dfrac{(1+\sqrt{3})(3\sqrt{3}+5)}{(3\sqrt{3}-5)(3\sqrt{3}+5)}=7+4\sqrt{3}$
(4) $\dfrac{1}{\sqrt{3}-\sqrt{2}}=\dfrac{\sqrt{3}+\sqrt{2}}{(\sqrt{3}-\sqrt{2})(\sqrt{3}+\sqrt{2})}=\sqrt{3}+\sqrt{2}$

練習問題 8
(1) $1.236067977\cdots =1+\cfrac{1}{4+\cfrac{1}{4+\ddots}}=x$ とおく。

$$x=1+\cfrac{1}{4+\cfrac{1}{4+\ddots}}$$

$$= 1 + \cfrac{1}{3 + 1 + \cfrac{1}{4 + \cdots}}$$
$$= 1 + \frac{1}{3+x}$$

より
$$x - 1 = \frac{1}{3+x}$$

両辺に $3+x$ を掛けて
$$(x-1)(3+x) = 1$$

整理して
$$x^2 + 2x - 4 = 0$$

この2次方程式を解いて
$$x = \frac{-2 \pm \sqrt{2^2 - 4(-4)}}{2} = -1 \pm \sqrt{5}$$

$x > 0$ なので $x = -1 + \sqrt{5}$ (答え)

(2) $0.30277563773\cdots = \cfrac{1}{3 + \cfrac{1}{3 + \cdots}} = \cfrac{-3 + \sqrt{13}}{2}$

(3) $1.1925824\cdots = 1 + \cfrac{1}{5 + \cfrac{1}{5 + \cdots}} = \cfrac{-3 + \sqrt{29}}{2}$

(4) $4.1231056256\cdots = 4 + \cfrac{1}{8 + \cfrac{1}{8 + \cdots}} = \sqrt{17}$

313

練習問題 9

(1) $\sqrt{5} = 2 + \cfrac{1}{4 + \cfrac{1}{4 + \ddots}}$ （4 が繰り返す）

(2) $2\sqrt{2} = 2 + \cfrac{1}{1 + \cfrac{1}{4 + \cfrac{1}{1 + \cfrac{1}{4 + \ddots}}}}$ （1、4 が繰り返す）

(3) $2.44948974 = 2 + \cfrac{1}{2 + \cfrac{1}{4 + \cfrac{1}{2 + \cfrac{1}{4 + \ddots}}}} = x$ とおく。

$$x = 2 + \cfrac{1}{2 + \cfrac{1}{4 + \cfrac{1}{2 + \cfrac{1}{4 + \ddots}}}}$$

$$= 2 + \cfrac{1}{2 + \cfrac{1}{2 + 2 + \cfrac{1}{2 + \cfrac{1}{4 + \ddots}}}}$$

$$= 2 + \cfrac{1}{2 + \cfrac{1}{2 + x}}$$

$$= 2 + \cfrac{2 + x}{2(2 + x) + 1}$$

$$= 2 + \cfrac{2 + x}{2x + 5}$$

よって

314

練習問題解答

$$x - 2 = \frac{2+x}{2x+5}$$

両辺に $2x+5$ を掛けて

$$(x-2)(2x+5) = 2+x$$

整理して

$$2x^2 = 12$$

つまり $x^2 = 6$ で $x > 0$ なので $x = \sqrt{6}$ （答え）

(4) $3.242640687 = 3 + \cfrac{1}{4 + \cfrac{1}{8 + \cfrac{1}{4 + \cfrac{1}{8 + \ddots}}}} = -1 + 3\sqrt{2}$

練習問題 10

(1) 20 の約数は $\{1, 2, 4, 5, 10, 20\}$、素因数分解は $20 = 2^2 \times 5$。12 の約数は $\{1, 2, 3, 4, 6, 12\}$ なので共通の約数は $\{1, 2, 4\}$ であり、最大公約数は 4。$12 = 2^2 \times 3$ なので、共通部分は 2^2 であり、$2^2 = 4$ が最大公約数。

(2) 36 の約数は $\{1, 2, 3, 4, 6, 9, 12, 18, 36\}$ であり、24 の約数は $\{1, 2, 3, 4, 6, 8, 12, 24\}$ なので共通部分は $\{1, 2, 3, 4, 6, 12\}$、最大公約数は 12。あるいは $36 = 2^2 \times 3^2$、$24 = 2^3 \times 3^1$ なので、最大公約数は $2^2 \times 3^1 = 12$。

(3) $1000 = 2^3 \times 5^3$、$96 = 2^5 \times 3^1$ なので、最大公約数は $2^3 = 8$。

練習問題 11

(1) 234 と 432 の最大公約数は 18。
(2) 567 と 987 の最大公約数は 21。

(3) 876 と 6789 の最大公約数は 219。

練習問題 12
(1) $\dfrac{345}{1357} = \dfrac{15}{59}$ (2) $\dfrac{357}{5678} = \dfrac{21}{334}$ (3) $\dfrac{654}{56789} = \dfrac{6}{521}$

練習問題 13
(1) $t-3$ (2) $\dfrac{t}{2}$
(3) $5(2t+3)-15 = 10t$ なので、逆関数は $\dfrac{t}{10}$。手品では、答えを聞いて 10 で割ればよい。

練習問題 14
(1) $\log_2 10 - \log_2 5 = 1$ (2) $\dfrac{1}{2}\log_2 12 - \log_2 \sqrt{3} = 1$
(3) $\dfrac{\log_2 9}{\log_2 3} = 2$
ちなみに、a、b、c が正の数で $a \neq 1$、$b \neq 1$ なら、$\dfrac{\log_a c}{\log_a b} = \log_b c$ が成り立つ。

練習問題 15
(1) 19 打数 6 安打 (2) 123 打数 35 安打
(3) 184 打数 61 安打 (4) 58 打数 23 安打

練習問題 16
(1) $x=19$、$y=6$ (2) $x=10$、$y=3$ (3) $x=8$、$y=3$
(4) $x=18$、$y=5$ (5) $x=649$、$y=180$
ここに挙げたのは全て最小の自然数解である。

練習問題 17
(1) 横の長さを x m とおくと $x(x+2) = 24$、整理して $x^2 + 2x - 24 = 0$、よって $x = \dfrac{-2 \pm \sqrt{4+96}}{2} = 4$、$-6$。$x$ は長さなので、$x=4$、よって長方形は横 4 m、縦 6 m である。

(2) 横の長さを x m とすると、縦の長さは $\frac{11}{2}-x$、よって $x\left(\frac{11}{2}-x\right)=6$ という方程式がたち、整理すると $2x^2-11x+12=0$、解の公式より $x=\frac{11\pm\sqrt{11^2-4\times 2\times 12}}{4}=4, \frac{3}{2}$ となる。横長なので、横は 4 m、縦は $\frac{3}{2}$ m。

(3) 行きに秒速 x m で走ったとすると、$\frac{100}{x}+\frac{100}{x+1}=50$ となる。両辺を 50 で割り、$x(x+1)$ を掛けると $2(x+1)+2x=x(x+1)$、これを整理して $x^2-3x-2=0$、解の公式により $x=\frac{3\pm\sqrt{9+8}}{2}=\frac{3\pm\sqrt{17}}{2}$ となる。スピードは正の数なので、秒速 $\frac{3+\sqrt{17}}{2}=3.56\cdots$ m/s となる。

第 2 章のコラム 5 の「どの長方形が美しい？」コーナーの「正解」

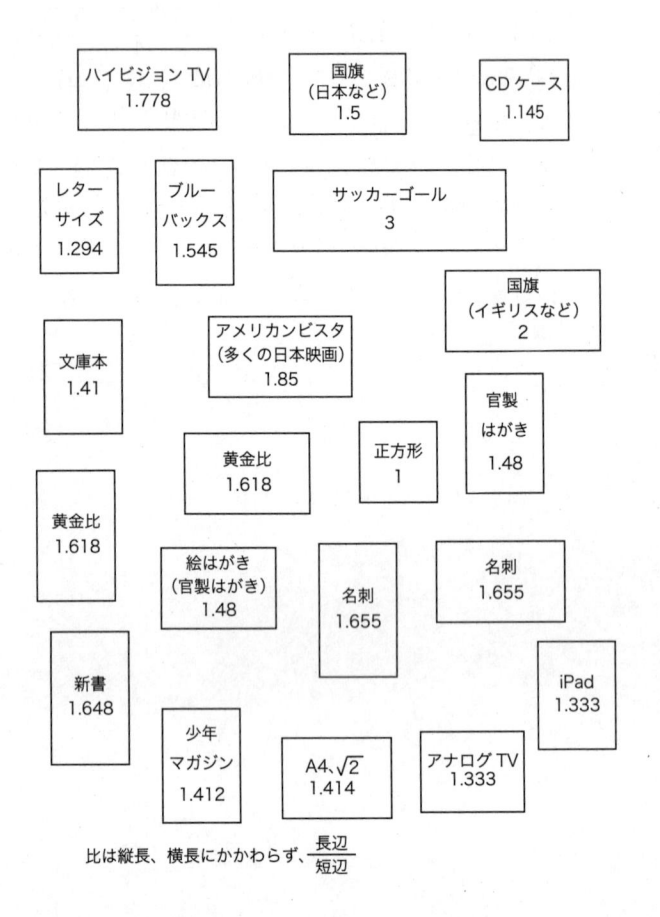

- ハイビジョン TV　1.778
- 国旗（日本など）　1.5
- CD ケース　1.145
- レターサイズ　1.294
- ブルーバックス　1.545
- サッカーゴール　3
- 文庫本　1.41
- アメリカンビスタ（多くの日本映画）　1.85
- 国旗（イギリスなど）　2
- 官製はがき　1.48
- 黄金比　1.618
- 正方形　1
- 黄金比　1.618
- 絵はがき（官製はがき）　1.48
- 名刺　1.655
- 名刺　1.655
- iPad　1.333
- 新書　1.648
- 少年マガジン　1.412
- A4、$\sqrt{2}$　1.414
- アナログ TV　1.333

比は縦長、横長にかかわらず、$\dfrac{長辺}{短辺}$

練習問題解答

	タテ／ヨコ	備考
ハイビジョンTV	$9:16 = 1:1.7777\cdots$	
国旗（日本など）	$1:1.5$	他フランス、中国など多数
CDケース	$124 \times 142\,mm$	
レターサイズ	$11 \times 8\frac{1}{2}$ インチ $=$ $279.4 \times 215.9\,mm$	北米の紙の標準規格
ブルーバックス	$173 \times 112\,mm$	
サッカーゴール	$2.44 \times 7.32\,m$	内法
文庫本	$148 \times 105\,mm$	
アメリカンビスタ	$1:1.85$	多くの日本映画の縦横比
国旗（イギリスなど）	$1:2$	他カナダ、オーストラリアなど
黄金比	$1:\dfrac{1+\sqrt{5}}{2}$	縦横比が黄金比の国旗はない
正方形	$1:1$	スイスの国旗
官製はがき	$148 \times 100\,mm$	
名刺	$91 \times 55\,mm$	黄金比にしたかったのなら、$89 \times 55\,mm$ にしたはず
新書	$173 \times 105\,mm$	
少年マガジン	$257 \times 182\,mm$　B5サイズ	狙いは $\sqrt{2}$、DVDのトールケースもほぼこの縦横比
A4、$\sqrt{2}$	$210 \times 297\,mm$	白銀比ともいう
アナログTV	$3:4 = 1:1.333$	エジソンが採用した映画の縦横比
iPad	2048×1536 ピクセル	初代。iPad2 は 1024×768 ピクセル（縦横比同じ）

索　引

〈数字・欧文〉

142857	24
2次の無理数	89
2次方程式	67
2次方程式の解の公式	68, 294
2進法	296
$\sqrt{2}$	10, 62, 82, 83
$\sqrt{3}$	10, 85
$\sqrt{5}$	11
e	276
LLL	269
π	11, 276

〈あ行〉

ウォリス	241
唸り	150
閏年	58
円周率	11, 276
円積問題	192
黄金比	76, 80, 109, 179, 228, 308
オマル・ハイヤーム	60

〈か行〉

階乗	272
ガウス	252
鍵の公式	70
仮分数	41
神様の糸	198
逆関数	127
逆数	32
行列	304
楔形文字	291
グレゴリオ暦	58
計算尺	134
『原論』	102
公差	252
項数	252
公比	20
公約数	93
コンツェビッチ	258

〈さ行〉

最大公約数	93
指数関数	125
指数記法	122
周期	277
終項	252
ジュリアス・シーザー	58
循環小数	17
循環節	17
循環連分数	87
純循環連分数	90
純正律	147
小数部分	32
初項	20, 252
ジョン・ネピアー	129
真分数	41
真分数部分	41
ステヴィン	148
正五角形	109
整数部分	32, 41
素因数分解	93
素数	93

索引

〈た・な行〉

対数	127
代数的数	270
大接近	169
帯分数	41
田中正平	154
打率	208
ダンスタブル	147
チャンバーノウン数	48
中間近似分数	201
超越数	270
等差数列	252
等比数列	20
ニュートン法	268, 284
ネピアーの数	276

〈は行〉

背理法	64
ピタゴラス音律	141
ヒッパソス	119
フィボナッチ数	50
フィボナッチ数列	50, 180
フェルマー	240
フォン・フリッツ	115
ブラウンカー	241
ブリッグス	129
分配則	70
分母の有理化	72
平均律	148
平方根	63
平方数	240
ベキ指数	94
ペル方程式	241
方程式	65

〈ま行〉

松ぼっくり	214
マハーラノービス	250
無間地獄数	18, 37
無限等比級数	20
無限等比数列	20
無理数	31, 62
メルセンヌ	148

〈や行〉

約数	92
有限連分数	77
有理数	30
ユークリッド	102
ユークリッドの互除法	100
ユリウス・カエサル	58
ユリウス暦	58

〈ら行〉

ラグランジュ	88
ラマヌジャン	193
リウヴィユ	270
リュカ数列	52
リンデマン	192
ル・コルビュジエ	81
ルート	63
レオポルト・モーツァルト	153
連分数	35
連分数近似	156
連分数近似の次数	157

N.D.C.412.5　321p　18cm

ブルーバックス　B-1770

連分数のふしぎ
無理数の発見から超越数まで

2012年5月20日　第1刷発行

著者	木村俊一
発行者	鈴木　哲
発行所	株式会社講談社
	〒112-8001　東京都文京区音羽2-12-21
電話	出版部　03-5395-3524
	販売部　03-5395-5817
	業務部　03-5395-3615
印刷所	(本文印刷)　凸版印刷株式会社
	(カバー表紙印刷)　信毎書籍印刷株式会社
本文データ制作	株式会社リーブルテック
製本所	株式会社国宝社

定価はカバーに表示してあります。
© 木村俊一 2012, Printed in Japan
落丁本・乱丁本は購入書店名を明記のうえ、小社業務部宛にお送りください。送料小社負担にてお取替えします。なお、この本についてのお問い合わせは、ブルーバックス出版部宛にお願いいたします。
本書のコピー、スキャン、デジタル化等の無断複製は著作権法上での例外を除き禁じられています。本書を代行業者等の第三者に依頼してスキャンやデジタル化することはたとえ個人や家庭内の利用でも著作権法違反です。
R〈日本複製権センター委託出版物〉複写を希望される場合は、日本複製権センター (03-3401-2382) にご連絡ください。

ISBN978-4-06-257770-0

発刊のことば

科学をあなたのポケットに

二十世紀最大の特色は、それが科学時代であるということです。科学は日に日に進歩を続け、止まるところを知りません。ひと昔前の夢物語もどんどん現実化しており、今やわれわれの生活のすべてが、科学によってゆり動かされているといっても過言ではないでしょう。

そのような背景を考えれば、学者や学生はもちろん、産業人も、セールスマンも、ジャーナリストも、家庭の主婦も、みんなが科学を知らなければ、時代の流れに逆らうことになるでしょう。

ブルーバックス発刊の意義と必然性はそこにあります。このシリーズは、読む人に科学的に物を考える習慣と、科学的に物を見る目を養っていただくことを最大の目標にしています。そのためには、単に原理や法則の解説に終始するのではなくて、政治や経済など、社会科学や人文科学にも関連させて、広い視野から問題を追究していきます。科学はむずかしいという先入観を改める表現と構成、それも類書にないブルーバックスの特色であると信じます。

一九六三年九月

野間省一

ブルーバックス　数学関係書（I）

- 35 計画の科学　加藤昭吉
- 116 推計学のすすめ　佐藤信
- 120 統計でウソをつく法　ダレル・ハフ　高木秀玄=訳
- 177 ゼロから無限へ　C・レイド　芹沢正三=訳
- 217 ゲームの理論入門　モートン・D・デービス　桐谷維／森克美=訳
- 312 非ユークリッド幾何の世界　寺阪英孝
- 325 現代数学小事典　寺阪英孝=編
- 716 マンガ　数学小事典　岡部恒治
- 722 解ければ天才！　算数100の難問・奇問　中村義作
- 797 円周率πの不思議　堀場芳数
- 833 虚数iの不思議　堀場芳数
- 862 対数eの不思議　堀場芳数
- 908 数学トリック=だまされまいぞ！　仲田紀夫
- 926 原因をさぐる統計学　豊田秀樹／前田忠彦／柳井晴夫
- 988 論理パズル101　デル・マガジンズ社=編　小野田博一=編訳
- 1003 マンガ　微積分入門　岡部恒治
- 1013 違いを見ぬく統計学　豊田秀樹／藤岡文世=絵
- 1037 道具としての微分方程式　斎藤恭一　吉田剛=絵
- 1054 数学オリンピック問題にみる現代数学　小島寛之
- 1062 算数オリンピックに挑戦　算数オリンピック委員会=監修
- 1074 フェルマーの大定理が解けた！　足立恒雄

- 1076 トポロジーの発想　川久保勝夫
- 1141 マンガ　幾何入門　岡部恒治=著　藤岡文世=絵
- 1201 自然にひそむ数学　佐藤修一
- 1243 高校数学とっておき勉強法　鍵本聡
- 1288 算数オリンピックに挑戦　'95〜'99年度版　算数オリンピック委員会=編
- 1289 代数を図形で解く　中村義作=著　阿邊恵一=絵
- 1312 マンガおはなし数学史　佐々木ケン=漫画　仲田紀夫=原作
- 1332 新装版　集合とはなにか　竹内外史
- 1352 確率・統計であばくギャンブルのからくり　谷岡一郎
- 1353 算数パズル「出しっこ問題」傑作選　仲田紀夫=編
- 1366 数学版・これを英語で言えますか？　E・ネルソン=著　ムギ畑=編
- 1372 数学にときめく　新井紀子=著　保江邦夫=監修
- 1383 高校数学でわかるマクスウェル方程式　竹内淳
- 1386 素数入門　芹沢正三
- 1397 数の論理　保江邦夫
- 1407 入試数学　伝説の良問100　安田亨
- 1419 パズルでひらめく　補助線の幾何学　中村義作
- 1429 数学21世紀の7大難問　中村亨
- 1430 Excelで遊ぶ手作り数学シミュレーション　田沼晴彦
- 1433 大人のための算数練習帳　佐藤恒雄
- 1440 算数オリンピックに挑戦　'00〜'03年度版　算数オリンピック委員会=編

ブルーバックス　数学関係書(Ⅱ)

番号	タイトル	著者
1453	大人のための算数練習帳　図形問題編	佐藤恒雄
1455	数学・まだこんなことがわからない(新装版)	吉永良正
1470	高校数学でわかるシュレディンガー方程式	竹内淳
1479	なるほど高校数学三角関数の物語	原岡喜重
1490	暗号の数理　改訂新版	一松信
1493	計算力を強くする	鍵本聡
1515	論理力を強くする	小野田博一
1536	計算力を強くするpart2	鍵本聡
1547	広中杯 ハイレベル中学数学に挑戦　算数オリンピック委員会=監修／青木亮二=解説	
1549	大人のための算数練習帳　中学入試編	佐藤恒雄
1557	やさしい統計入門	柳井晴夫／C・R・藤越康祝
1560	はじめての数式処理ソフト　CD-ROM付	田栗正章／竹内薫
1567	音律と音階の科学	小方厚
1598	なるほど高校数学　ベクトルの物語	原岡喜重
1606	関数とはなんだろう	山根英司
1617	出題者心理から見た入試数学	芳沢光雄
1619	離散数学「数え上げ理論」	野﨑昭弘
1620	高校数学でわかるボルツマンの原理	竹内淳
1625	やりなおし算数道場　花摘香里=漫画／歌丸優一	
1629	計算力を強くする完全ドリル	鍵本聡
1640	ケプラーの八角星　不定方程式の整数解問題	五輪教一
1657	高校数学でわかるフーリエ変換	竹内淳
1661	史上最強の実践数学公式123	佐藤恒雄
1677	新体系・高校数学の教科書（上）	芳沢光雄
1678	新体系・高校数学の教科書（下）	芳沢光雄
1681	マンガ　統計学入門　神永正博=監訳　アイリーン・V・マグネロ=文／ボリン・ルーン=絵／井口耕二=訳	
1682	入門者のExcel関数	中村亨
1684	数学パズル50	リブロワークス
1694	傑作!　数学パズル50	小泓正直
1704	高校数学でわかる線形代数	竹内淳
1711	なるほど高校数学　数列の物語	宇野勝博
1724	ウソを見破る統計学	神永正博
1738	物理数学の直観的方法（普及版）	長沼伸一郎
1740	マンガで読む　計算力を強くする　がそんみほ=マンガ／銀杏社=構成	
1741	マンガで読む　マックスウェルの悪魔　月路よなぎ=マンガ／銀杏社=構成	
1743	大学入試問題で語る数論の世界	清水健一

BC04	ロールプレイで学ぶ経営数学　ブルーバックス12cm CD-ROM付	横手光洋

ブルーバックス　数学関係書（Ⅲ）

BC06 BC05
パソコンらくらく高校数学　微分・積分　友田勝久 堀部和経
JMP活用　統計学とっておき勉強法　新村秀一